SeaEagle

SeaEagle

為什麼工作總是在最後一刻才會完成？

·帕·金·森·定·律

每個人都很忙，效率卻在下降，為什麼？
工作會自動的膨脹，佔滿一個人所有可用的時間！

「一本可惡的書，不能讓它落入下屬的手裡！」——《金融時報》
「一本極端情趣橫溢和詼諧的書。」——《星期日泰晤士報》

陳立之/著

引言：二十世紀西方文化三大發現

二十世紀是一個經濟快速發展、科技不斷進步、思想文化躍升的時代，人類在各個領域獲得前所未有的突破性進展，探索範圍之廣袤，發現真相之幽微，發明成果之豐盛，遠非以前任何一個時代可以比擬。

在文化領域中，可以稱得上世紀性的發現是什麼？是深埋於地下的遠古文明的重見天日？是始終難見「廬山真面目」的外星人在地球上留下的神秘印跡？是突然之間出現的某門高深莫測、天馬行空、玄而又玄的奇談玄學？

答案出乎你的想像！它們不是遠古文明，也不是外星文明，更不是神奇玄學，而是幾個看似非常平凡但是威力巨大的定律和原理。

它們就是墨菲定律、帕金森定律、彼得原理，三者並稱為「二十世紀西方文化三大發現」。

墨菲定律指出：可能出錯的，終究會出錯。墨菲定律觸及每個人人性深處存在的隱痛，將人們不願意面對的事實曝光於大眾之下。它忠告人們：面對人類的自身缺陷，我們最好還是想得更周到和全面，採取許多預防和保險措施，防止偶然發生的人為失誤導致的災難和損失。「錯誤」與我們一樣，都是這個世界的一部分，狂妄自大只會使我們自討苦吃，畏懼失誤讓我們無法突破自我而獲得新生，我們必須學會如何接受錯誤，並且不斷從中學習成功的經驗。

帕金森定律告訴我們一個道理：不稱職的行政官員如果佔據領導職位，龐雜的機構和過多的冗員就不可避免，庸人佔據高位的現象也不可避免，行政管理系統就會形成惡性膨脹，陷入難以自拔的泥潭。帕金森定律是對官僚機構流弊的辛辣針砭，在人類歷史上，它對由於行政權力擴張引發人浮於事和效率低下的「官場傳染病」，做出大膽和無情的揭露和抨擊。帕金森定律是官僚主義或是官僚主義現象的一種別稱，經常被人們轉載傳誦，用來解釋各種各樣的「官場病」。

彼得原理揭示長久以來存在於組織中被人們漠視的人員任用的陷阱，發掘組織中管理混亂、庸人當道、人浮於事的深層根源。彼得原理警示我們：將一個員工晉升到一個無法發揮才華的職位，不僅不是對他的獎勵，反而使其無法發揮才華，也給組織帶來損失。勞倫斯·彼得對彼得原理的詮釋，成為二十世紀以來最具洞察力的社會和心理領域的創見。

墨菲定律、帕金森定律、彼得原理的發現和提出，在人類歷史上具有開創性的意義，是人類文化史上的三座醒目的里程碑。**它們揭示人們思想認識上的盲點，為人們戰勝自己和挫折指明路徑，點破東西方各界、各行、各級行政組織和企業管理中沿襲已久而根深蒂固的效率低下的弊病，為組織醫治人事頑症和革新工作局面開出秘方。**如今，三大定律經過人們的發揚光大，越來越顯示其強大效力，許多人借助它們改變自己的命運，許多組織和公司應用它們走出困境和煥發活力，呈現欣欣向榮的輝煌景象。

三大定律是發現者獻給二十世紀的厚禮，對於當時和現下都有重要的警示、借鑑、指導意義。重新認識和瞭解三大定律，不僅是時代的需要，也是走向成功的必修課。有鑑於此，我們邀請學者廣採博集、詳盡考證、精心撰寫，同時結合現實和時代發展趨勢，將每個定律編撰成書，全面解讀每個定律以及與其息息相關的其他定律的內涵、現實指導意義、運用方法。本套叢書內容豐富、解讀精闢、觀點新穎，是讀懂三大定律的理想讀本。

此次，我們將三大定律合集，冠名「二十世紀西方文化三大發現系列」出版，期望可以給讀者認識、瞭解、掌握、應用它們提供一把方便入門的鑰匙，由此登堂入室，領悟三大定律的真諦，進而有所體會和收穫，藉此澄清思想和認識上的誤解，突破生活、人際、學習、工作、事業等方面的困境，為人生注入新鮮血液和強勁動力，開創嶄新廣闊的人生格局！

·帕·金·森·定·律·

前言：走出機構臃腫、人浮於事的惡性循環

英國歷史學家諾斯古德·帕金森在任職英國政府期間，透過對一九一四～一九二八年英國海軍部的對比以後發現一個奇怪的現象：在十四年的時間裡，英國海軍艦艇數目縮減三分之二，海軍兵員由十四萬六千人減到十萬人，但是海軍部的官員卻由兩千人增加到三千五百六十九人，暴增七八%。兵少了、船少了，表示工作也少了，可是官員的數目卻大幅增加，同樣的事情也發生在英國殖民地部。

對此，帕金森感慨很深，他透過進一步的調查研究和深入分析，寫了一本名叫《帕金森定律》的書。他在書中闡述機構人員膨脹的原因和後果：一個不稱職的官員，可能有三條出路——

第一是申請退職，把位置讓給能幹的人。

第二是找一個能幹的人協助自己工作。

第三是聘用兩個程度比自己更低的人做助手。

第一條路千萬不能走，因為那樣會失去許多權力；第二條路也不能走，因為那個能幹的人會成為自己的對手；看來只有第三條路最適宜。於是，兩個平庸的助手分擔他的工作，他自己高高在上發號施令。兩個助手無能，所以上行下效，再為自己找兩個無能的助手。如此類推，就形成一個機構臃腫、人浮於事、效率低下的領導體系。

為了便於人們對帕金森定律的理解，帕金森用一個公式加以闡釋：

$$X=[100(2KM+L)/yn]\times 100\%$$

其中，K表示一個要求聘用助手以達到個人目的者。從這個人被任命一直到退休，這段期間的年齡差用L來表示。M是部門內部行文而耗費的勞動時數，N是被管理的單位。用這個公式求出的X，就是每年需要補充的員工人數。數學家們當然懂得，要找出百分比只要用X乘以一百，再除以去年的總數Y就可以。無論工作量是否有變化，用這個公式求出的數值總是處在五・一七%～六・五六%之間。

這樣自上而下，一級比一級庸人多，產生一種惡性的組織模式：每個人招募無能的下屬，避免有才智的人變成對手；大量無能員工之間，會形成很多牽制關係，結果都在為對方製造工作，人浮於事、效率低下；嫉妒症流行，高級主管辛苦而遲鈍，拒絕提升能力強的人，中層幹部鉤心鬥角而拉幫結派，底層員工垂頭喪氣而不務正業。

帕金森定律

帕金森定律深刻揭示行政權力擴張引發的人浮於事、效率低下的「官場傳染病」現象。這個現象不僅在官場中出現，在很多企業和組織中也可以看到。在帕金森看來，無論是政府官員還是公司員工，幾乎所有人都陷入「帕金森定律」的陷阱。

帕金森定律揭示的官僚主義是一種社會歷史現象，任何一個健全的組織機構中，本來不會有官僚主義存在的合法條件。遺憾的是，官僚主義不僅頑強地存在和生存下來，而且以其不斷變化的面貌，適應社會、政治、經濟、文化發展的脈絡。這或許是歷史的調侃，或許是文明的變異。

本書透過許多生動直接的現象描述和心理剖析，揭開帕金森定律的核心，揭示帕金森定律發生作用的內在條件和根源所在，剝開為患廣泛的官僚主義的硬殼，展示其華麗外表掩蓋下的內幕真相，同時引發人們深層的思考。對帕金森定律的各種變體和衍生定律以及與帕金森定律有關的定律和法則，本書一併予以收錄，並且進行詳盡的解析和點評。全書脈絡清晰、論述嚴謹、觀點犀利，具有現實警示和指導意義，為讀者認識和瞭解帕金森定律打開一扇便捷的大門。

帕金森定律是一面鏡子，照出組織和公司治理中的陰影。帕金森定律是一記警鐘，警示領導者妥善使用權力，廣開用人管道，走出帕金森定律的陰影，打破機構臃腫、人浮於事的惡性循環，讓組織和公司煥發蓬勃的生機和活力，永遠立於不敗之地！

目錄

第三章
《羅伯特議事規則》：讓組織議事從幕後走向前台

第四章
分粥理論：好制度使壞人無法做壞事

第五章 修路理論：用制度管人，用教育育人

一第九章一

適才適所法則：將適合的人放在適合的位置上

一第十章一

奧格威法則：任用強人，讓自己更強

第十三章

搭便車理論：剔除組織中的「南郭先生」

第十四章

螃蟹效應：強化執行力度，根除內鬥現象

第十五章 馬蠅效應：激勵有道，「馬蠅」變「駿馬」

第十六章

路徑-目標理論：預期決定結果，願景導航未來

—第一章—

帕金森定律：官員製造官員，庸人製造庸人

帕金森定律源於英國歷史學家帕金森所著《帕金森定律》一書的標題，是官僚主義或是官僚主義現象的一種別稱，其主要內容是：一個不稱職的官員，可能有三條出路：一是申請退職，把位置讓給能幹的人；二是找一個能幹的人協助自己工作；三是聘用兩個程度比自己更低的人做助手。領導者往往都會選擇第三條路。

官場傳染病——組織機構的四大頑症

在《帕金森定律》一書中，帕金森總結組織機構的四大可怕頑症：

工作越少，下屬越多

以軍營來說，如果需要一個人判斷航空照片，長官會命令一個二等兵去從事這項工作。兩天以後，他開始抱怨，覺得照片太多，需要兩個助手協助，而且為了對助手有指揮權，他應該升為一等兵。他的長官非常體諒，答應他的要求。之後不久，他的下屬因勢利導，也需要助手。於是，在三年之內，他擁有一個八十五人的小組，而且自己步步高升，成為中校。然而，他從來沒有判斷過一張航空照片，因為他忙於行政事務。

談機色變，拱手求退

如果你想要某個資深主管讓位，或是使自己的對手識趣，比較文明的方法是為他安排不間斷的長途會議，使他經常坐飛機旅行。本地時間凌晨一點出發，當地時間凌晨三點抵達，並且讓他填寫許多出入境表格。他疲於奔命、視坐飛機為畏途、談機色變的時候，就會拱手讓賢，求饒引退。至於那些想要跟你競爭的同事，看到這種折磨以後，也會心驚膽顫，自動投降。於是，大門為你而開，可以大搖大擺地登堂入室，然後思考如何防止別人對自己如法炮製的妙計。

姍姍來遲，匆匆離去

雞尾酒會是現代會議不能缺少的一個活動，帕金森定律告訴我們如何辨識酒會上的重要人物。這些人總是在他們認為對自己最有利的時間入場，他們不會在賓客不多的時候入場，也不會在其他重要人物離開以後入場。此外，在一個酒會上，他們會不約而同地走到某個地方集合，主要目的是讓別人看到自己有出席。這個目的達到以後，他們就會爭先恐後地溜之大吉。

三流主管，四流下屬

在任何一個地方，我們會發現一種組織：高級主管感到無聊乏味，中層幹部忙於鉤心鬥角，底層員工完全沒有動力。他們不會主動做事，所以毫無績效。仔細考慮這種可悲的情景以後，他們在潛意識中抱持「永遠保持第三流」的座右銘。

例如：「我們過於努力是錯誤的，我們不能與高級主管相比；我們的工作很有意義，我們應該問心無愧。」或是：「有些人真是無聊，喜歡爭強好勝，炫耀自己的工作，好像自己是領導者一樣。」

這些看法說明什麼？他們在潛意識中只要求低程度，甚至更低的程度也未嘗不可。第二流主管發給第三流下屬的指示，只要求最低的目標。他們不要求更高的程度，因為一個有效的組織不是這種主管的能力可以控制的。如此一來，他們建構一個三流主管、四流下屬的組織。

權力的危機感——帕金森現象的根源

帕金森在自己的書中指出，帕金森定律要發生作用，必須同時滿足以下四個條件：

第一，必須要有一個組織，這個組織有其內部運作的活動方式，管理要在這個組織中佔有重要地位。這樣的組織很多，包括各種行政部門或是公司，都存在管理的組織。

第二，尋找助手以達到個人目的的不稱職領導者，不具有對權力的壟斷性。也就是說，權力對這個領導者而言，可能會因為做錯某件事情或是其他原因而輕易失去。這個條件是不可缺少的，否則無法解釋何以要找兩個不如自己的人做助手而不找一個比自己強的人。

第三，這個領導者的能力平庸，在組織中的角色扮演不稱職，如果稱職就不必尋找助手，否則無法解釋他何以要尋找助手來協助。

第四，這個組織是一個不斷追求完善的組織，正是因為如此，才可以不斷吸收新人來補充管理團隊，才可以符合帕金森關於人員編制增加的公式。

帕金森定律

可見，帕金森定律必須在一個擁有管理功能而不斷追求完善的組織中，承擔和自身能力不相匹配的管理角色而且不具備權力壟斷的人群中，才會產生作用。一個沒有管理功能的組織，例如：網路虛擬學術組織，沒有帕金森定律的困擾。一個不思進取而墨守成規的組織，沒有必要引進新人，也沒有帕金森定律的困擾。一個擁有絕對權力的人，不會害怕別人奪取權力，不會找比自己平庸的人做助手。一個可以承擔管理角色的人，沒有必要尋找助手，不存在帕金森定律的情況。

透過上述條件的分析，可以清晰地看到：權力的危機感，是產生帕金森現象的根源。

恩格斯曾經說：「自從階級社會產生以來，人類惡劣的情欲、貪欲、權勢欲成為歷史發展的槓桿。」人類作為社會性和動物性的複合體，因利而為，是很正常的行為。假設我們的利益受到威脅，本能會告訴我們，一定不能失去這個利益，這就是帕金森定律產生作用的內在因素。一個既得權力的擁有者，假如存在權力危機，不會輕易讓出自己的權力，也不會輕易給自己樹立對手。在不害人為標準的良心監督下，會選擇兩個不如自己的人做助手，這種行為是自然而然的，無可譴責。

三流的主管領導四流的下屬

瞭解帕金森現象的根源，就會對死氣沉沉的行政機構見怪不怪，但是一個機構究竟是如何變得這麼死氣沉沉？在大多數垂死的機構中，它們最後的癱瘓麻木都是長期蓄意誘導和縱容的結果。

假如某個機構中，有一個高度無能與善妒的官員，他在原來的部門沒有取得任何成就，卻經常思考如何干涉其他部門，以便控制「中央行政」。於是，他會千方百計地排斥所有比自己能幹的人，也會設法阻止任何比自己能幹的人獲得升遷。他不敢說A很能幹，所以說：「A嗎？也許很聰明，但是他穩重嗎？我比較贊成升遷B。」他不敢說A很能幹，使他覺得自己很渺小，所以說：「我覺得C的判斷力比較好。」於是，C獲得升遷，A調往他處。最後，「中央行政」逐漸填滿比經理和主任更愚蠢的員工。

如果機構的主管是二流貨色，會確保自己的下屬是三流貨色，以此類推，比較低的員工就是四流貨色。不久之後，就會出現愚蠢自負者之間的真正競爭，人們裝得自己比任何人更無能，整個機構從上到下，全無智慧之光。到這個階段的時候，這個機構實際上已經死亡。

我們如何判斷一個三流主管、四流下屬的組織？

帕金森定律

「思想交流和人員調換是一件好事——可惜從高層來我們這裡的幾個人卻令人非常失望，我們只能得到被其他部門踢出來的蠢材。」

「哎呀，我們不應該抱怨，我們要避免發生摩擦。無論如何，以我們微小的能力，可以盡力把事情做好。」

如果經常聽到這些話，就可以確定這是一個什麼樣的組織，「永遠保持第三流」的座右銘，以金字刻在他們的大門入口處，三流程度已經成為所有工作的指導原則。

但是，他們仍然知道有更高程度的存在，所以升遷到高層的時候，他們還是會感到內疚。可是這種內疚為期不久，他們就會重新調整自己和安慰自己。於是，他們又開始躊躇滿志而沾沾自喜，把制定的目標降低，以致可以達到所有目標——目標立在十碼處，所以命中率極高。員工們已經做好自己應該做的事情，感覺自己很成功。事實上，他們取得的成就只是費了吹灰之力。結果，他們越來越自滿，並且洋洋得意地說：

「我們的主管是一個明智的人，從來不會多說話——那是他的性格，他也很少犯錯。」

「在這裡，我們不太相信才華，那些聰明人多麼令人討厭。他們破壞已經確定的慣例，提出我們從來沒有嘗試的計畫，我們只要擁有簡單的常識和合作的精神，就可以取得輝煌成就。」

事情繼續發展，組織繼續惡化，高級主管不再透過與其他機構的比較來誇耀自己的效率。他們已經無視其他機構的存在，不再享用餐廳的食物，而是帶著三明治上班。於是，辦公桌上都是麵包碎屑，告示欄上仍然掛著四年以前舉行宴會的通知；布朗先生的辦公室外面，掛著史密斯先生的姓名；破碎的窗戶以交叉的木板釘住；天花板油漆剝落，如雪片般地灑在地下；電梯已經故障，廁所的水龍頭永遠關不緊；破裂的天窗上，雨水傾盆而下，地下室傳來老鼠的叫聲……

解開帕金森定律癥結的三把鑰匙

帕金森在書中舉出一個例子：

假設有一個老闆，公司的產權全部是他的。隨著企業規模的不斷擴大，他在管理上感到力不從心，需要有人協助自己。於是，他在各種媒體上刊登徵人廣告，應徵的人絡繹不絕。假設其中有一個非常優秀的人才，這個老闆會不會聘用他？

這個老闆可能會想：公司的產權全部是我的，表示他來這裡是「無產階級」，只是為我工作，如果做得很好，我可以聘用他；如果做得不好，我可以辭退他。無論他如何賣力地工作，也不可能坐上我的位置，老闆永遠是我。

一番盤算以後，這個人才被留下來，老闆對之大膽使用，完全不受到帕金森定律的影響，這是一個擁有絕對權力的人的做法。

然後，這個企業繼續發展，業務範圍擴大，新的問題層出不窮，當初的優秀人才現在也有些力不從心，需要有人協助自己。於是，他在各種媒體上刊登徵人廣告，應徵的人絡繹不絕。

假設最後要在兩個人之中選擇：一個是某大學研究所的畢業生，理論功底極為深厚，實踐經驗卻非常匱乏；一個有手腕和魄力，擁有先進的管理觀念和操作經驗。老闆拿不定主意，叫他選擇。這個時候，他開始盤算，最後的結果是：他應該會選擇那個畢業生——因為這樣讓他感到安全。

由此可見，想要解決帕金森定律的癥結，就要營造一個公平、公正、公開的用人機制，不要受到人為因素的干擾。同時，實現這個用人機制，需要做到三個原則：

一是公平競爭，任人唯賢。

二是職適其能，人盡其才。

三是合理流動，動態管理。

公心用人，打開任用人才的通道

古往今來，成敗得失的關鍵在於用人。一個部門、一個地方、一個國家，興衰與否，用人是關鍵。作為一個領導者，不僅要獨具慧眼，還要有用人之膽、容人之量，敢於任用比自己強的人。只有這樣，才可以使人才脫穎而出，才可以實現良性循環，走出帕金森定律的惡性循環。

在用人上，周朝的兩位名臣姜太公和周公，曾經進行一番討論。受封齊國的姜太公，主張尊賢尚功，也就是能力第一；受封魯國的周公，主張親親尚恩，也就是親信第一。執行「能力第一」用人政策的齊國，最終如周公所預言，雖然國力強大，但不是姜家的（姜氏齊國被田氏齊國取代）。執行「親信第一」用人政策的魯國，最終如姜太公所預言，雖然是姬家的（魯國是姬姓宗邦），但是國力衰弱。

讓我們再來看看林肯的用人之道：

一八六一年，美國南北戰爭爆發以後，林肯曾經任用幾位將領。當時，他按照傳統的標準，要求所有將領必須沒有缺點。然而，出乎他的意料，北軍的每個將領都被南軍打敗。

後來，林肯總結教訓，撤換一些將領，任命格蘭特為總司令。他的部屬十分擔心，私下勸他：「格蘭特嗜酒貪杯，難當大任。」然而，林肯已經從以前的錯誤中知道：是否具有軍事才能，才是任用將領的依據。格蘭特雖然嗜酒貪杯，但是具有軍事才能。於是，他回答：「如果我知道他喝什麼酒，我想要送他幾桶。」

歷史事實證明，任命格蘭特為總司令，對擊敗南軍、廢除奴隸制度、平定內亂產生重要作用。對於格蘭特，林肯深知他的優點和缺點。在當時的情況下，格蘭特的軍事才能是十分難得的，雖然嗜酒貪杯是他的缺點，但是可以經由規勸而不至誤事。林肯揚長避短，知人善任，促進南北戰爭的最後勝利。

關於如何用人，諸葛亮在其《心書》一文中，提出七個途徑：

其一，問之以是非而觀其志，從其對是非的判斷來考察其將來的志向，看看是否胸懷大志。

其二，窮之以辭辯而觀其變，提出尖銳問題對其詰難，看其觀點有什麼變化，是否可以隨機應變。

其三，諮之以計謀而觀其識，以某個方面的問題諮詢其看法和意見，看其知識經驗如何，是否具備分析問題和解決問題的能力。

其四，告之以禍難而觀其勇，觀察其在困難面前的表現，看其有沒有知難而進的勇氣和處事不驚的態度。

其五，醉之以酒而觀其性，以美酒款待，看其個人品格如何，是否口是心非、陽奉陰違。

其六，臨之以利而觀其廉，觀察其在金錢面前的表現，看其是否可以抵擋物質利益的誘惑。

其七，期之以事而觀其信，託付其做事以視其信用如何，是一諾千金還是信口開河。

諸葛亮的這些觀點很有意義，我們應該借鑑古人的經驗，拓寬知人用人的思路。

李嘉誠曾經說：「大多數人都會有一些長處和短處，就像大象食量以斗計，螞蟻一小勺就足夠。各盡所能，各得所需，以量材而用為原則。又像一部機器，假如主要零件需要用五百匹馬力發動，雖然半匹馬力與五百匹馬力相比很小，但是也可以發揮一些作用。」

李嘉誠的這番話，透徹地點出用人之道的關鍵。

作為一個領導者，不一定要比下屬更有才能，關鍵是：是否可以將所有人才集合在一起，共同為實現組織目標而努力。用人的時候，只有出以公心、是非分明、量材錄用，才可以實施正確的領導；只有尊重人才和善用人才，才可以立於不敗之地。

選擇得力助手，開拓事業版圖

帕金森定律啟示我們，領導者要選對人才，否則會出現許多問題。

領導者需要開疆拓土，不斷發展自己的事業。事業越來越大的時候，領導者不可能事必躬親，也不應該事必躬親。這個時候，領導者需要委託自己信任的人協助和處理。然而，怎樣的人可以信任？

這裡的信任，包含兩個內容：一是這個人是否有能力完成這項工作，是否有能力處理這種事情；二是這個人品格是否值得信任，是否對領導者忠誠，是否願意為領導者排憂解難。

這裡涉及對人才選擇的標準，領導者在選擇助手的時候，可以參照以下這些方法：

參與決策有效執行法

領導者在選擇助手的時候，首先必須明白：自己選擇的助手，不僅是自己的助手，而是決策團隊的成員，必須瞭解每個決策的背景和前景，積極參與決策。實踐證明，助手參與決策程度越高，責任心越強，行為越規範，效率越高。只將助手當作自己的傳聲筒，或是要求助手只能順從自己的領導者，最後一定會失敗。

發揮優勢法

每個人都有自己的長處和短處，因此領導者要善於發現下屬的長處，然後根據自己的目標，選擇最好的助手。

才職相稱法

助手的素質和才能，一定要與所任職務的職權和職責相稱。

決策權可轉移法

助手要具備以下這種能力：領導者因故離開的時候，對隨時可能發生的重大問題的決策能力和組織能力。

主動結構法

在選擇助手的時候，要考慮助手與自己是否可以形成合理的主動結構。

員工接受法

在選擇助手的時候，要考察部門員工對助手的接受程度，否則會產生不良後果。

避免落入「人越多，效率越低」的僵局

怎樣才可以避免落入「人越多，效率越低」的僵局？

量化工作量與工作人數的關係

只要我們想要做事，就有做不完的事情來填滿時間，帕金森舉出一個例子：

一個閒來無事的老太太，為了寄一張明信片給孫女，竟然花費一天的時間：找明信片一個小時，找眼鏡一個小時，查地址半個小時，寫字一個小時，然後考慮去投遞明信片要不要帶雨傘，又花費二十分鐘……就這樣，一個忙人三分鐘可以完成的事情，老太太卻要花費一天的時間。

假如完成工作需要的時間有這麼大的彈性，就可以說明工作量和工作人數之間不適合。

其中計算的困難之處，在於人力工作的量化，只要知道人力工作量化的資料，就可以判斷企業人數是

多是少，分辨企業是業務規模擴大的人員擴張還是機構膨脹。這個方面，工作日誌有一定的成效。

組織扁平化

一個沒有管理功能的組織，例如：網路虛擬學術組織，沒有帕金森定律的困擾。一個扁平化的組織，管理變得非常簡單，可以抑制帕金森定律的出現，比較容易發現低效率的閒人。

建立領導團隊培養制度

組織內部要建立領導團隊培養制度，對於一定級別的領導者，在其工作績效考核中，要加入下屬員工的培養指標。領導者要向組織反映管理人才的指標，要有發現人才和培養人才的任務。這樣一來，可以防止領導者只任用能力比自己差的人。

營運透明化

建立透明化的應徵機制，不可以讓被應徵者的直屬主管面試。透明化表示：員工知情，主管決斷，可以避免主管出於個人目的而任用能力低下的員工。

不養閒人，表面是領導問題，其實是制度問題。

大刀闊斧改革，向官場傳染病開戰

帕金森定律有兩個核心內涵：一是不稱職者的為官之道，而且因為非常有效，所以普遍存在；二是這種不稱職者所在部門的破落之因，因為兩個助手無能，他們只能上行下效，再為自己找兩個無能的助手。如此類推，就形成一個機構臃腫、人浮於事、效率低下的領導體系。具有這種領導體系的部門，多數是「當一天和尚，敲一天鐘」的團隊，在固有的管理體制下，這種團隊很難有作為。

帕金森定律揭示的現象，是行政機構和組織的通病，甚至是頑症，具有普遍性。這麼說，是不是表示帕金森定律的魔咒無法打破？其實，只要採取必要的預防措施，建立公正透明的用人機制，就可以預防甚至杜絕帕金森現象的發生。

應懲員工要公平、公正、公開

建立透明化的應徵機制，不可以讓被應徵者的直屬主管面試，應該讓更高級別的領導者參與進來，就可以避免主管出於個人目的而任用能力低下的員工。

建立人才培養制度

組織內部要建立人才培養制度，對於一定級別的領導者，在其工作績效考核中，要加入下屬員工的培養指標。領導者要向組織反映管理人才的指標，要有發現人才和培養人才的任務。這樣一來，可以防止領導者只任用能力比自己差的人。

定期對勞動分配率和人事費用率進行考核

勞動分配率＝人工成本／產出增加值，反映企業新創造價值對員工分配的比例。人事費用率＝人工成本／銷售收入，反映勞動投入佔總產出的比例。定期對部門或組織進行這兩個重要指標的考核，使其維持在合理範圍之內。這兩個指標在一段時期持續增長，表示帕金森定律在產生作用。

建立學習型組織

組織成員善於學習而不斷進取的時候，才可以保證領導者持續滿足管理職位的需求。社會發展日新月異，新的問題層出不窮，只有領導者不斷學習和進步，才可以滿足管理的需求。

一第二章一

金魚缸法則：管理要建立在透明公正之上

金魚缸法則是日本倍適得電器公司創辦人北田光男首創。金魚缸是玻璃做的，透明度很高，無論從哪個角度看，都可以看到缸內金魚的活動情況。金魚缸法則是一種比喻，也就是透明度很高的民主管理模式。

魚缸透明的前提是缸體採用透明材料，此外要有清澈水質。所以，領導者要不斷提升自身的綜合素質和職業道德，為管理工作提供「透明魚缸和清澈水質」。管理工作的公平、公正、公開，就是透明魚缸和清澈水質。

政務三公——公平、公正、公開

在組織的管理工作中，要遵循和執行「公平、公正、公開」原則，以進行所有工作。做到公平和公正，就不怕公開。管理的公開，會對組織管理產生巨大的推動作用，使企業得到持續而良性的發展。

作為現代管理制度的一個基本原則，金魚缸效應在各個領域都有很好的運用。

政務公開是金魚缸效應在政府管理領域的運用，其主要目的是使政府的工作內容公開化，對於政府籌劃或是準備的工作，例如：都市建設、道路規劃、醫療保健措施、交易處理進行公開，並且對工作內容和過程予以公開，所有人可以透過特定途徑進行查詢和監督。政務資訊是政府資訊的一部分，政務公開有利於政府資訊公開的透明化。

金魚缸效應運用到企業管理中，就是要求領導者必須提高規章制度和所有工作的透明度。規章制度和所有工作的透明度提高，領導者的行為就會置於員工的監督下，可以有效防止領導者濫用權力，進而強化領導者的自我約束。同時，員工在履行監督義務的時候，自身的責任感得到提升，敬業和創新的精神得到昇華。

目前，企業界經常採用「開誠布公管理法」，其哲學基礎與「金魚缸法則」一樣，就是「開誠布公」。史塔克是實行「開誠布公管理法」的先驅之一，因為表現傑出，堪為眾人表率，獲得「企業信用獎」。史塔克接手管理「春田再造公司」的時候，公司剛從一家農業機械集團脫離出來，可以說是搖搖欲墜。史塔克認為，唯一可以使公司長久維持正常經營的方法，就是以真相為基礎，讓所有員工瞭解公司整體的經營狀況。他教導員工瞭解公司的財務報表，而且定期公布公司的財務資料，讓所有員工知道公司的目前狀況和未來目標。

一定要記住：規章制度和所有工作的公開化，是提升行政組織和企業管理程度以及防止不正之風的法寶之一。

·帕·金·森·定·律·

讓員工看到「飛出的木片」

有些人認為，員工如何看待工作無關緊要，工作本身才是最重要的。很多領導者也會認為，員工完成任務是一個簡單的過程。他們認為，只要給員工指出應該做什麼，並且施以強制和晉升等手段，就可以讓他們順利達到目標。然而實踐顯示，激勵並非如此簡單。領導者的工作，不僅是讓員工完成任務，而是要在符合員工意願的情況下完成任務。符合員工的意願，就是讓他們看到自己的工作成果而明白工作的意義。

有一個心理學家曾經進行一個實驗：為了證實工作成果的激勵作用，雇用一個伐木工人，要他用斧頭的背砍一根木頭。心理學家告訴伐木工人，工作的時間照舊，但是酬勞加倍，他的工作就是用斧頭背砍木頭。

過了一段時間，伐木工人放棄了。「我要看到木片飛出來。」伐木工人說。

「飛出的木片」是員工的工作成果，是員工證實自我價值的直接表現，也可以理解為工作的外在有效價值，是工作最直接的成果。所以，看到「飛出的木片」成為員工努力的最真實自然的動機，任何看不到木片的工作，只是機械的重複，表示對工作成果和自我價值的埋沒。機械的重複與成果的埋沒，具有一〇〇%甚至二〇〇%的負面作用，會將員工的工作積極性歸零，或是最終使其「無力而不為」。

看不到「飛出的木片」，是產生工作壓力的主要原因。員工看不到木片的時候，不確定的心理會降低他們集中精神的能力，進而使工作表現大打折扣。因此，領導者如果想要激勵員工，就要用「工作成果」滿足他們，使他們在精神上有所收穫，這也是他們獲得別人認同的有效方式。

讓員工看到自己的工作成果，他們就可以體驗到深層的滿足。這種深層的滿足，可以調動他們的工作熱情，使其盡心盡力，主動致力於公司業績的提升。

每個月，喬的秘書要做一份報告。多年以來，秘書把報告交給他的時候，他只是看一眼，然後說：「放在那裡吧！」結果，秘書做的報告很差，讓他十分苦惱。

一次，秘書又送來一份報告，這份報告十分完美。在秘書的面前，喬仔細地閱讀，然後稱讚這份報告，並且對秘書說：「我希望以後的報告都可以這麼完美。」

聽到這句提示性的話，秘書的反應讓喬非常驚訝。她興奮地說：「謝謝你告訴我這些。」接下來的時間裡，秘書以此為標準做報告，喬非常滿意。

·帕·金·森·定·律·

作為一個領導者，員工在執行某個任務的時候，一定要讓他們看到「飛出的木片」，不要讓他們猜想自己做得如何。記住，他們需要！他們可能不會像伐木工人那樣主動要求得到它，但是你有責任告訴他們。

全力改善員工認為不公平的地方

作為一個領導者，應該學會主觀地評價員工，但是完全主觀也會導致評價不公平。原因顯而易見：完全進行主觀評價在員工面前缺乏說服力。

領導者會設計很多考核方式，以確保可以客觀反映員工表現，評定他們做出的貢獻有多少，並且將這種結果與薪水和獎金聯繫起來。所有的跡象顯示，這種客觀設計絕對不可能公平。例如：想要透過「出勤率」指標反映員工的工作態度，可是出勤率高的員工未必比出勤率低的員工更有效率。這是因為指標體系設計本身存在固有限制，這種限制可能會導致領導者無法公平地評價員工。

一個完善的評價方法，應該是客觀與主觀結合的方法：領導者以客觀的評價指標為基礎，結合自我的主觀評價，公平看待每個員工的表現。

如果不公平對待，會導致員工消極工作，無法達到他們希望完成的工作目標。對於領導者而言，會損傷其在員工心中的權威形象，進而動搖其領導地位。

事實上，領導者與員工聊天的時候，會發現困擾他們的最大問題就是不公平。員工認為不公平的地方

帕金森定律

有：

- 沒有機會升遷
- 薪水並非如想像的好
- 有些員工與領導者的關係很好，其他員工被冷落
- 未被允許參加某項工作，但是有人從中受益
- 認為自己工作出色，但是領導者的評價不高
- 領導者很少接見員工
- 領導者只會不斷批評，不會鼓勵與表揚
- 領導者沒有對自己努力工作的行為做出反應，但是對其他人的微小進步卻大加讚揚
- 不合理的福利分配制度

許多員工很少談及其他事情，他們關心的是對自己不公平的待遇。在不合理的限制中工作，以及接受缺乏民主的決策，是他們經常抱怨的問題。

作為一個領導者，應該使員工以近似觀點來看待相同問題。公平不需要複雜的解釋，只要在重要決定的背後指明信念與原因。平等待人的目的，就是要產生共同而有益於溝通的理解，以確保企業目標的實

現。

平等待人是對每個領導者的重要考驗，只有妥善處理公平問題，才可以真正調動員工的熱情與渴望。

公心贏人心，對待下屬一視同仁

為人公正，辦事公平，是一個領導者的基本素質。賈誼在《賈子新書・道術》中說：「兼覆無私謂之公，反公為私。」唐代文學家韓愈說：「物不得其平則鳴。」公平之說，古已有之。公平之人，公平之事，在史籍典冊中，更是不計其數。

唐代的大理寺少卿戴胄，堪稱公平的典範。一次，長孫皇后之兄長孫無忌帶刀進入皇宮，在宮門口巡邏的監門校尉沒有發現。按照唐律，長孫無忌和監門校尉都是違反法律。可是，宰相封德彝卻說，長孫無忌是一時疏忽，不能視為犯法，監門校尉麻痺大意，應該處死，唐太宗竟然點頭同意。

這個時候，戴胄挺身而出，明確表示：這樣量刑不公平。他說，長孫無忌帶刀入宮，監門校尉沒有發現，都是由於一時疏忽，如果量刑，應該一視同仁，怎麼可以重此輕彼？戴胄說得理直氣壯，唐太宗只好答應重新商議。

重新商議的時候，封德彝仍然力主原判，戴胄據理辯駁，寸步不讓，指出：長孫無忌和監門校尉，論其過誤，情況相同，監門校尉是由長孫無忌帶刀入宮的緣故而致罪，「於法當輕」。現在，輕罪反而重判，重罪反而輕判，「生死頓殊」，很不合理，堅決要求重新判決。唐太宗覺得戴胄說得有道理，最後接受他的意見，把長孫無忌和監門校尉都免罪。

戴胄秉公處理，堅持公平斷案，這是很不容易的。除了戴胄以外，很多歷史上有名的清官，例如：包拯、海瑞，都是因為秉公辦事而深得人心。

自古以來，公平就是領導者處理下屬關係的原則。因為許多原因，領導者無法公平對待下屬，產生一種離間的作用，導致下屬之間相互猜忌，群體的凝聚力降低，給管理工作設下許多障礙。

公平之心不可缺，不僅是待人處世的基本道德，也是領導統御的前提條件。

戰國時期，燕昭王為了重振國威，以報齊國入侵之仇，千方百計招攬人才。他找大臣郭隗商討對策，郭隗向他說出這樣的道理：以禮對待別人，虛心求教，可以聚集比自己強百倍的人才；對別人表示敬意，聽取別人的意見，可以聚集比自己強十倍的人才；以平等方式待人，可以招來與自己能力相仿的人才；自恃權勢，對別人呼來喚去，只會有一些小人投靠自己；昏庸無道，隨意罵人，只會剩下身邊的奴僕。

·帕·金·森·定·律·

對下屬一視同仁，公平合理，是領導者處理下屬關係的原則，也是贏得下屬信任的方式。如果可以公平對待下屬，他們工作的時候就會鬥志昂揚。

一第三章一

《羅伯特議事規則》：讓組織議事從幕後走向前台

《羅伯特議事規則》由美國將領亨利・馬丁・羅伯特於一八七六年提出，是用於規範美國國會的議事程序，歷經百年修改，成為許多國家普遍引用的議事規則。

《羅伯特議事規則》承認人類有「追求自由」和「追逐利益」的天性，其核心原則就是要謹慎平衡組織和會議中個人和群體的權利，包括：多數方的權利、少數方的權利、全體成員的權利、缺席者的權利，旨在保證透過平等、自由、充分的協商辯論過程，使全體成員透過協商方式表達意願，並且由多數方依靠多數規則來決定，會議整體意願符合人類天性和常識的辯論規則、辯論禮節、表決規則。

《羅伯特議事規則》是落實組織議事和公司治理的工具，是一種推進社會誠信和程序正當的有效工具。作為一種精巧平衡的制度設置，無論對上還是對下，可以促進積極平衡，也是保護和適當的約束。

可操控的會議，可操作的民主

美國人崇尚自由，但是他們對待開會非常認真。說到開會的規矩，恐怕沒有人比得上美國人。他們有一本開會規則——《羅伯特議事規則》，在世界上獨一無二。這部由亨利·馬丁·羅伯特撰寫的《議事規則袖珍手冊》，於一八七六年出版。

《羅伯特議事規則》的內容非常詳細，有針對會議主席的規則，有針對會議秘書的規則，有針對不同意見的提出和表達的規則，還有不同情況下的表決規則。

有些細節和規則後面的邏輯原則十分有意思，例如：有關動議、附議、反對、表決的規則，是為了避免爭執。原則上，現在美國的國會和法院以及許多會議，在規範的制約下，不允許爭執。如果一個人對某個提議有不同意見，怎麼辦？他首先必須想到，如果按照規則，自己是否還有發言時間，以及什麼時候發言。其次，他表達自己意見的時候，要向會議主席說話，不能向意見不同的對手說話。在不同意見的對手之間的對話，是不被允許的。

在美國國會辯論的時候就是這樣：不同意見的議員在規定的時間裡，向主持會議的議長或是主席說話，不能向自己的對手挑釁。自己發言的時候拖延時間，或是強行要求發言，或是打斷別人發言，都是不被允許的。

在美國的法庭上也是這樣，當事雙方的律師不能直接對話，因為對話就會產生爭吵，法庭就會變成吵架的場所。規則規定，律師只能和法官對話，向陪審團呈示證據。不同觀點和不同利益之間的針鋒相對，就是這樣在規則約束下，間接地實現。

像議事規則這樣的技術細節，對於美國這個多元化又強調個人自由的國家，是非常重要的。否則，如果發生分歧而互不相讓，各持己見，可能永遠無法達成決議。即使可以得出結果，效率也會非常低下。《羅伯特議事規則》就像一部設計良好的機器，可以有條不紊地讓各種意見得以表達，用規則壓制內心私利的膨脹衝動，求同存異，然後按照規則表決。這種規則及其設計的操作程序，可以保障民主，也可以保障效率。

《羅伯特議事規則》關心會議的決策效率，防止民主表決變成多數獨斷，同時劃清個體利益與整體利益的邊界。《羅伯特議事規則》是在洞察人性的基礎上，經過精心琢磨而設計出來。正是這種精確掌握細節的規則，才可以實現公平與效率。

按照規則開會

任何真正成熟的管理，無論是社會管理還是經濟管理，都是依靠對細節精確掌握的基礎上制定的規則來運行。管理無法脫離規則和標準，規則和標準就是精緻的完美表現。

《羅伯特議事規則》條目林林總總，內容浩繁蕪雜，歸結起來，其核心原則有以下幾個：

根本原則

平衡：保護各種人群的權利，包括意見佔多數的人，也包括意見佔少數的人，甚至是沒有出席會議的人，最終做到保護這些人組成的整體權利。幾百年以來，人們對這種平衡的不懈追求，換來議事規則今天的發展。

對領袖權力的制約：集體的全體成員按照自己的意願選出領袖，並且將一些權力交給領袖，但是同時，集體必須保留一些權力，使自己還是可以直接控制自己的事務，避免領袖的權力過大，避免領袖將自己的意志強加在集體之上。

多數原則：多數人的意志會成為整體的意志。

辯論原則：所有決定必須在經過充分而自由的辯論協商之後才可以做出。每個人都有權利透過辯論說服別人接受自己的意志，直到這個意志變成整體的意志。

集體的意志自由：在最大程度上保護集體，在最大程度上保護和平衡集體成員的權利，然後依照自己的意願自由行事。

具體原則

一六八九年，英國議會出現一本手冊——《議會》，羅列三十五部議學著作，開始呈現我們現在看到的《羅伯特議事規則》的原則和規則的端倪，例如：

同時只能有一個議題：一個提議被提出以後，它就是目前唯一可以討論的議題，必須先把它解決，或是表決同意先擱置它，然後才可以提出其他提議。

意見不同的雙方，應該輪流得到發言權：辯論的時候，如果有人請求發言，主席應該先問他抱持哪一方的觀點，如果其觀點與之前發言者不同，就有優先權（例如：很多人同時要求發言）。

必須請反方表決：必須進行正反兩方的表決，缺一不可。不可以正方表決以後，發現已經達到表決額度的要求，就認為沒有必要請反方表決。

反對人身攻擊：必須制止脫離議題的人身攻擊，禁止辱罵或譏諷的語言。

必須圍繞等待解決的議題：如果發言者的言論與議題無關，而且其他成員已經表現出反感（例如：噓聲），應該制止其繼續發言。

拆分議題：如果一個議題可以分成許多議題，而且所有成員傾向於分別討論這些議題，可以提議將議題拆分。

改變一個決議比通過一個決議需要更大的努力，這是為了避免由於類似出席人數的變化這樣的因素可能導致的組織決策的不穩定。

在會議期間，如果對某個議題做出決定，同樣的議題不能再次討論，除非發生特殊情況。如果對某個議題做出暫時性處理，沒有形成最終決定，不可以引入任何如果通過就會干擾會議再對這個議題討論立場的提議，無論新提議對這個提議有什麼影響。

《羅伯特議事規則》為行政機構和各類組織提高組織議事和溝通效率提供嶄新思路，讓組織有可靠的保障。

高效會議的十二個原則

無論何種組織，開會都是為了達到某種目的，因此每次參加會議以前，我們都要明確兩件事情，一是開會的目的：為何而開會；二是開會的成員結構：不同的成員扮演的角色。

如何讓會議理性而有序？《羅伯特議事規則》為我們指明方向。羅伯特指出，想要舉行一場高效的會議，必須遵守以下十二個原則：

動議中心原則：動議是開會議事的基本單元。「動議者，行動的提議。」會議討論的內容應該是許多明確的動議，它們必須是具體明確而且可以操作的行動建議。先動議後討論，無動議不討論。

主持中立原則：會議主席的基本職責是遵照規則來裁判並且執行程序，不可以發表自己的意見，不可以對別人的發言表示傾向。（主席如果要發言，必須先授權別人臨時代行主持之責，直到動議表決結束。）

機會均等原則：任何人發言之前，必須向主席示意，得到其允許以後才可以發言。先舉手者優先，但是尚未對當前議題發言者，優先於已經發言者。同時，主席應該盡量讓意見不同的雙方輪流得到發言機會，以保持平衡。

立場明確原則：發言者應該表示對當前議題的立場是贊成還是反對，然後說明理由。

發言完整原則：不能打斷別人的發言。

面對主席原則：發言要面對主席，彼此之間不得直接辯論。

限時限次原則：每次發言的時間有限制（例如：不得超過兩分鐘）；對同一動議的發言次數也有限制（例如：不得超過兩次）。

一時一件原則：發言不可以偏離當前議題。只有在一個動議處理完畢以後，才可以引入或是討論另一個動議（主席對離題行為應該予以制止）。

遵守裁判原則：主席應該制止違反議事規則的行為，這類行為者應該立刻接受主席裁判。

文明表達原則：不可以進行人身攻擊，不可以質疑別人的動機和習慣，辯論應該就事論事，以當前議題為限。

充分辯論原則：表決必須在討論充分展開之後才可以進行。

多數裁決原則：（在單純多數通過的情況下）動議的通過，要求「贊成方」的票數多於「反對方」的票數，棄權者不計入有效票。

按照其需要，議事程序的規定可以或繁或簡，議事規則的基本精神卻是非常簡約清晰，大致來說有五項：權利公正、充分討論、一時一件、一事一議、多數裁決。

第一項和第五項是現代文明長期追求並且努力貫徹的，已經形成廣泛的共識。第二、三、四項提供議事規則落實的技術保障，可以有效改善或是避免在會議中經常遇到的惡意揣度、粗言相激、肢體相爭的現象。

以上十二個原則，大多數是在操作層面上促進效率和達成目標的規定。

《羅伯特議事規則》有非常精巧而且實用的安排，成為促進文明議事和高效決策的強有力工具。現代社會的各類團體和組織發展到目前階段，實踐議事規則變得更有用。

開會一定要有結果

開會目的是為了「解決問題」，但是在實際開會過程中，不僅無法解決問題，反而衍生許多問題。在會議中，主要有以下這些問題：時間冗長、議題雜亂、發言隨意、爭論粗魯、過程專橫、決定草率……

這些問題阻礙會議過程，延長會議時間，造成「會而不議、議而不決」的無效結果，浪費時間、人力、物力、財力。為了提高會議效率，快速解決問題，實現既定計畫和目標，我們必須對會議進行管理。為什麼要對會議進行管理？在此，就要引入一個重要概念——會議成本。

會議成本是會議投資的總和，包括費用、時間、人力、物力。我們先來瞭解會議成本是如何構成的，詳解如下：

會議工時成本＝參加會議的人數×（與會者的準備時間＋與會者的差旅時間）＋會議秘書工作時間＋會議服務人員工作時間

會議直接成本＝會議設施租用費＋會議場地費＋旅費＋食宿費＋文件準備費

效益損失成本＝會議時間×與會者平均每個小時的薪水

不定損失成本（沒有及時接聽客戶電話而失去訂單，沒有及時處理客戶投訴而得罪客戶，沒有及時解決突發事件而停工停產）

會議成本＝會議工時成本＋會議直接成本＋效益損失成本＋不定損失成本

簡單一點，可以總結為：

會議成本＝與會者平均小時薪水×薪資附加值係數×會議小時數×（與會人數＋二）×（一＋一．五）＋會議直接成本

薪資附加值係數是指勞動產值，產值有可能是自己薪水的三倍或是更多，與會人數＋二是因為有別人（例如：秘書）參與準備和服務，乘以（一＋一．五）是因為參加會議要中斷工作，損失以二．五倍來計算。

會議是公共關係和企業管理的溝通方式，可以給人們很多交流機會，但是不重視會議成本和會議效率，就會浪費許多人力和物力。在時間就是金錢的社會中，必須盡量縮短會議時間，減少不必要的時間浪費，提高會議效率。

帕金森定律

既然我們知道會議成本的計算以及常見的浪費現象，就要進行會議管理，掌握會議的時間和過程。為此，必須做到以下幾點：

（一）進行開會準備。在開會以前，有些工作要事先準備，例如：確定參加會議人員的名單，參加會議的人數要合理控制，不能太多也不能太少；準備會議資料；安排會議場地和座位，以及場景布置。在開會以前，一定要做好開會的所有準備，開會的時候就不會陷入慌亂，而是有條不紊。

會議主題必須明確，會議要達到的目的也要非常清楚，防止會議漫無邊際，使參加會議的人員不得要領。

（二）心胸寬大，接納各種意見，給予發言者鼓勵和讚揚；善於傾聽和理解，不要忽視各種看似微不足道的意見；注意措辭，不要攻擊別人，尤其是抱持不同意見的人。與會者的風格、能力、經驗、思維方式不同，可能會形成理解的偏差和誤解，甚至產生衝突。這個時候，就要有積極心態，還要善於利用各種技巧，確保會議在正確氛圍下進行。

（三）注意會議主題和討論方向是否有偏差，還要注意會議過程中可能產生的從眾心理，引導與會者暢所欲言，並且給予鼓勵和讚揚；對於要公布的既成決定，要控制會議不再討論，如果確實需要，可以另外安排會議專門討論。

（四）控制會議按照流程進行，掌握時間，不要推遲和延長會議。限制與會者的發言時間，如果會議議定需要得出結論，要事先告訴與會者。

（五）會議得出的決定和結論應該落實到個人，並且確定完成需要的時間和資源，以及遇到問題的時候，可以到何處或是向誰尋求幫助。

（六）安排會後追蹤，確定會議的決定和結論可以有效實施。

成功主持政策性會議的技巧

政策性會議，又被稱為「產生思想觀念的會議」，其意義是：制定一個組織未來發展的計畫和目標的會議。主持這種會議，領導者應該做到：

建立平等的關係

在這種會議上，與會者都是為了組織的前途出謀劃策，因此在地位上沒有上下級的關係，不分級別，一律平等。只有這樣，才可以使與會者開闊思路，制定一個令人滿意的藍圖。領導者不應該限制討論的問題範圍，要鼓勵和引導與會者充分表達自己的想法。

及時發現和解決問題，控制會議現場

對某個計畫的可行性進行討論的時候，論證一定要廣泛而充分，雖然這樣可能會導致與會者之間產生分歧，但是只要會議主席善於發現問題，並且促使與會者公開論證，以充分瞭解各方觀點，就可以做出合理決定。但是要注意，這種討論應該建立在不影響與會者之間感情基礎上，所以領導者還要注意對討論氣氛的控制。

會議的形式一定要開放

政策性會議，最主要的是集思廣益，因此要鼓勵與會者發表自己的意見。領導者不要做出肯定和否定的意見，進而封閉與會者的思想，要讓與會者發揮自己的創新能力。

促進各方取長補短、團結合作

產生政策的會議，雖然不一定在會議上確定，但是依然有明確目標。領導者在會議開始的時候，應該強調會議想要達到目的要依靠與會者的力量，讓他們形成一個共同願望，這樣可以避免一些不必要的爭執。

歸納與會者的意見，並且給予肯定

會議即將結束的時候，領導者應該系統歸納與會者的意見，強調會議的成功，並且對與會者的努力予以肯定。這樣一來，可以增強與會者的歸屬感，以後決定實施這些意見的時候，會對具體執行工作有很大幫助。

成功主持總結性會議的技巧

會議即將結束的時候，領導者要對會議舉行的有關情況以及取得的成果做出全面而客觀的總結，對無法確定和解決的問題做出解釋和說明。如何總結會議，是衡量領導程度的重要指標。會議總結，要表現簡明扼要、全面準確、突顯重點、實事求是的特點。一個良好的總結，可以幫助與會者加深對會議精神的理解和掌握，有利於會議內容的貫徹落實。

一、內容

會議總結雖然沒有固定模式，但是其內容應該包括以下幾個方面：

（一）**會議基本情況**。這個部分主要是：會議的過程和與會者的表現。會議的過程，是對會議進行的環節敘述和分析，對實施情況做出評估；與會者的表現，要列舉典型實例進行評述。會議進行多長時間、進行哪些議程、與會者的參與程度，要向與會者做出說明。

帕金森定律

（二）**會議主要收穫**。這個部分是會議總結的重點，主要是：透過與會者的努力，研究和解決哪些問題。談論收穫的時候，必須緊扣會議主題，突顯反映問題，確實符合實際情況。每個收穫要有具體事例加以說明，可以引用與會者的發言，尤其是一些想法和意見，給人們具體生動的感覺。

（三）**今後工作意見**。這個部分主要是：根據會議精神，結合工作實際，提出實施會議主題的意見。也就是說，對會議的傳達學習和貫徹落實提出具體要求，對會議確定的目標和任務進行分解，落實到個人身上。

二、方法

會議總結必須適當合宜，一般可以採用以下方法：

（一）**直敘法**。簡要回顧會議達成哪些共識，解決什麼問題，加深與會者的印象。例如：「這次會議，我們傳達學習哪些事情，研究討論哪些決定，對工作做出具體安排和部署。這些意見完全符合實際情況，對於促進工作具有重要意義……」

（二）**歸納法**。在簡要回顧會議的基礎上，對會議進行高度歸納。例如：「這次會議，形成幾個方面的共識，解決幾個方面的問題……」

（三）**鼓動法**。對會議不進行全面性總結，用鼓舞人心的話語進行總結，對與會者提出希望和要求，為實現某個目標或是完成某項任務而努力工作。

會議總結是詳細還是簡要，要根據會議要求、會議氣氛、與會人員、時間安排等情況而決定，可以根據上述介紹的方法進行調整，靈活掌握。

一第四章一

分粥理論：好制度使壞人無法做壞事

分粥理論是美國政治哲學家羅爾斯在《正義論》討論社會財富的時候，做出的一個比喻：只要把制度建立在對每個人都不信任的基礎上，就可以匯出合理並且有監督力度的制度。壞制度可以使好人無法做好事，好制度可以使壞人無法做壞事。制度不僅要科學，還要有針對性。建立制度，一定要有所依據，具有可操作性。制度要簡單明瞭，便於執行。

分粥不公——制度漏洞滋生權力腐敗

羅爾斯在《正義論》中，把社會財富比喻為一鍋粥，提出分粥理論：

有七個人組成的團體，每個人平凡而且平等，沒有凶險禍害之心，但是難免自私自利。他們想要用非暴力方式，透過建立制度，解決每天的吃飯問題——分食一鍋粥，但是沒有秤量用具。他們試驗不同的方法，經過多次博弈以後，形成日益完善的制度。大致說來，主要有以下幾種：

方法一：指定一個人負責分粥。他們很快就發現，這個人為自己分的粥最多，因此又換一個人，結果總是分粥的人碗裡的粥最多。結論是：權力導致腐敗，絕對的權力導致絕對的腐敗。

方法二：輪流分粥，每個人一天。這樣一來，等於承認每個人有權力為自己多分粥，同時給予每個人為自己多分粥的機會。雖然看起來平等，但是每個人一個星期只有一天吃飽而且有剩餘，其餘六天都是饑餓難耐，他們認為這個方法造成資源浪費。

方法三：選出一個值得信任的人分粥。剛開始的時候，這個品格尚屬上乘的人還可以公平分粥，但是不久之後，他會為自己和逢迎諂媚的人多分粥。

方法四：選出一個分粥委員會和監督委員會，形成監督和制約。雖然基本上做到公平，可是監督委員會經常提出許多議程，分粥委員會據理力爭，等到分粥完畢的時候，粥已經涼了。

方法五：輪流分粥，但是分粥的那個人最後一個領粥。令人驚奇的是，在這個制度下，七個碗裡的粥幾乎相同，就像用科學儀器測量過。每個分粥的人都意識到，如果七個碗裡的粥不同，自己將會享用那份最少的。

因為分配方法不同，結果導致習氣不同。不同的分粥方式，對照使用不同制度的企業，我們可以看到，一個企業如果有不良的習氣，一定是機制產生問題。

因此，想要杜絕「分粥不公」的現象，關鍵在於：努力建立公平、公正、公開的民主制度。

建立制度，包括三個方面的內容：一是制定公共規則，二是保證規則執行，三是堅持公平原則。一個組織或團體的制度建立程度和機制創新程度，直接決定組織或團體的發展程度，適當的制度會強化激勵的有效性。

建立制度，是一個帶有穩定性、長期性、全域性、根本性的工作。好制度可以使壞人無法做壞事，壞制度可以使好人無法做好事。無論是行政領域、分配領域、管理領域，還是其他領域，都要建立先進適用高效化、公平公正民主化、獎懲分明激勵化的制度。

建立制度，把「粥」分得更好

分粥理論告訴我們：先進適用高效化、公平公正民主化、獎懲分明激勵化的制度，是進行內部管理的基礎，我們要根據實際情況而建立這種制度。落後僵化、脫離實際、流於形式的制度，不僅無助於提高工作效率，反而會成為日常管理的枷鎖和羈絆。

不同的制度安排，會在制度建立以後隨之形成不同的文化。一個良好的制度，是在實際運用過程中不斷修改與創新，使其逐漸合理實用，有利於簡單操作，又可以表現公平性。因此，適用的制度是根據實際的需要而制定出來，具有強烈的針對性和適用性，可以表現獎懲分明的績效原則。這樣一來，就可以提高員工的積極性和創造性，做到「以獎揚長，以懲避短」。

分粥理論給我們另一個啟示是：敢於跳出傳統思維去尋找解決方法。很多事情不是沒有解決方法，只是我們還沒有想到。分粥理論闡明建立智囊團的必要性，讓謀劃者盡心謀劃，讓執行者全力執行，而且他們可以從中獲得間接利益。這樣一來，我們才可以把「粥」分得更好。

在經濟學方面，這個機制是用以說明經濟系統就像一部機器，透過各個組成部分的相互作用，實現整體功能。因為國民經濟是一個有機體，具有特定的連結方式。在國民經濟這個系統中，有物質生產部門和非物質生產部門，並且存在生產、流通、分配、消費四個環節，各個部門和環節之間，不僅存在有機的聯繫，而且具有特定的功能，例如：物質、資金、資訊的交換，部門和環節之間的協調平衡，以及相互連結和調節的功能。如何使它們在運行過程中的功能和諧，發揮最佳的整體效應，使得社會經濟具有自我組織、自我調節、自我發展的功能，就是我們必須研究的經濟運行機制。

帕金森定律

輪流分粥，分者後取

領導者的主要職責，就是建立一個「輪流分粥，分者後取」的遊戲規則，讓員工按照遊戲規則進行自我管理。遊戲規則要兼顧公司利益和個人利益，並且將公司利益和個人利益結合起來。責任、權力、利益是管理平台的三根支柱，缺一不可。缺乏責任，公司就會產生腐敗；缺乏權力，領導者就會無法管理；缺乏利益，員工就會消極工作。只有搭建三者合一的平台，員工才可以「八仙過海，各顯其能」。

行政機構和企業組織是一個有機系統，建立有利於組織機構發展的制度非常重要。實際上，是機構和組織的制度決定其競爭力，這個制度包含全體員工的意志，使組織機構具有競爭力，公平、公正、公開，獎優罰劣。

建立制度的時候，應該遵循八個原則：

（一）規定員工應該遵守什麼，如果違反如何處罰，也要規定員工達成什麼目標，會受到什麼獎勵。前者是針對消極工作者，後者是針對積極工作者。

（二）管理過程中，對員工進行制度學習和執行方面的培訓。

（三）公開升遷制度、獎勵制度、薪資制度。

（四）對內部權力設置要制衡，對爭議應該有裁決機制，訂立民主集中制的權力原則。

（五）對各級管理人員授權要明確，授權以信任為基礎，信任以監督為前提。

（六）對違反權力的監督和處罰要實際運作，讓管理人員知道：授權不是放任自流，監督不能橫加干涉。

（七）建立制度應該具有操作性和可行性，力求簡潔和全面，便於理解和執行。

（八）制度應該及時修改，特別是遇到國家政策調整或是市場環境改變的時候。建立健全的管理制度，才可以讓員工拋卻私心，從事於人於己都有利的工作，將個人發展與組織發展結合起來。

帕金森定律

紮緊制度的籠子，約束分粥人權力

「輪流分粥，分者後取」，是分粥理論的經典論斷。為確保分粥的公平公正，經過五次試驗，七個人值日輪流分粥，值日者最後領粥，結果碗裡的粥一樣多。在保障權利、約束權力，主張把權力關進制度籠子裡的時代，重中分粥理論有不可言喻的重要現實意義。

社會學家孟德斯鳩說：「沒有制約的權力必然會走向腐敗。」權力是最為緊俏的資源，堪比一日三餐的「粥」。權力的運行，一如分粥。分不好「粥」，意見紛擾。分好「粥」，定分止爭。權力的約束，猶如尋求最佳的分粥方案。

在公平公正分粥，讓每個人都有粥喝，讓每個人都分到一樣多的粥的問題上，程序、次序、秩序、順序是最佳「黃金分割點」。同理，在分配和制約「分粥權」的問題上，程序、次序、順序是關鍵環節中的關節點，可謂觸一發而動全身。

公平不僅表現在結果上，更表現在程序和制度上。分粥理論告訴我們，程序不是結果，但最終影響結果。公正的程序導致公正的結果，不公平的程序導致不公正的結果。不公正的程序，是假公濟私、化公為私、損公肥私的源頭；公正的程序、嚴密的運行規則，是結果公正的開端。

權力越大，風險就會越大，越要受到嚴格監督。沒有制衡的權力是危險的，容易滋生腐敗、濫用權力、牟取私利，出現「分粥不均」、「分粥不公」等現象，必須紮緊制度的籠子，對權力進行剛性約束。

要強化責任追究，做到有責必問、問責必嚴。要圍繞權力運行這個核心，將風險防控管理要求嵌入到具體業務流程中，規範業務管理，強化全程監督，有效堵塞漏洞。把制度監督與環節監督月有機結合起來，杜絕「分粥不均」、「分粥不公」的現象。

要全面掌握情況，對於制度推進過程中出現的問題和偏差及時改正，加強督查，強化考核，強化責任壓力。要積極探索、不斷完善。對制度推進情況要認真地進行階段性的總結盤點，對實施過程中發現的不完善、不適應形勢任務變化的地方及時修改，確保制度更科學、更有效、更公正、更合理、更完善。

確定遊戲規則，維護效率和公平

社會是由各種群體組成，每個群體必然存在利益與衝突，處理這些衝突最文明的方法是制定群體成員都認同並共同遵守的「遊戲規則」——制度。

制度是什麼？現代經濟學是這樣表述的：制度至關緊要；制度是人們選擇的結果，是交易的結果。好制度渾然天成，清晰而精妙，既簡潔又高效。經濟學家諾斯認為，制度是一個社會的遊戲規則。或是更規範地說，制度是建構人類相互行為的人為設定的約束。

制度總是存在於我們周圍

所謂制度，就是要求人們共同遵守的辦事規程或行動準則，也是一定歷史條件下形成的法令、禮俗等規範或一定的規格。我們最熟悉的制度是法律，法律的產生伴隨著人類社會的發展。距離我們最近的制度，就是每個家庭的家規。我們接觸最多的，是所在企業的管理制度。無論法律、家訓、企業制度，其核心都是規程或準則，透過制度我們可以知道什麼事情可以做，什麼事情不能做。這也是制度所要告訴我們的。在分粥故事中，只要分粥的過程存在，分粥制度就已經產生，制度的優劣是另一個方面的問題。

制度是解決資源配置的有效手段

制度代表許多要求人們共同遵守的行為規則。制度應該根據問題而生，是解決問題的手段。制度是維持內部管理的基礎。前四種分粥方法，或造成分粥不公平的結局，影響人們的積極性；或效率不高，在一件極簡單的事情上浪費太多的精力；或給「掌勺者」可乘之機，使其有以權謀私的機會。第五種方法確保分粥的公平。

不同的制度安排，會在制度建立以後隨之形成不同的文化

一項制度從其確定原則，制定方法，到實施細則都是根據適用者自身實際情況制定出來的，而不是照搬其他組織的做法。一項好的管理制度，應該有針對性，立場分明，對確立積極向上的企業文化至關重要。例如：故事中的分粥委員會制度，表現民主和監督，但是缺乏效率；一人當權，又滋生腐敗。

·帕·金·森·定·律·

制度是人們選擇的結果，是交易的結果

制度制定是一個過程，需要經過不斷實踐、總結過程。現在我們來想一下，如果一開始就是每個人輪流分粥，分粥人最後拿粥。這個制度可以延續下來嗎？我想未必，因為這個制度也有問題，例如：每個人輪流不如指定一個人省心，分粥者個人對公平的理解。所以，最後一個方法之所以合理，不是因為這個方法是科學的，而是因為這個方法解決以前方法產生的問題。所以，最優方法是相對的，而不是絕對的。其實在我們實際工作中，接觸到的制度卻未必公平，也未必有效率。所以，制度是選擇的結果。

從分粥規則可以看到制度對於維護公平正義的重要性。「正義只有透過良好的法律才可以實現」「法是善和正義的藝術」，這些古老的法學格言都說明，法律制度和公平正義是不可分的，同時也說明如何透過制度解決公平與效率的問題。

杜絕官僚主義，提升組織效率

建立制度的時候，對於組織機構的設置，領導者必須本著科學的管理層次和管理幅度相結合的原則來進行設計。管理層次劃分必須適當，必須以提高行政效率為準則，層次不宜過多。內部管理層次過多，易造成資訊流通不暢、程序複雜甚至滋生官僚主義的弊端。

許多機構和企業發展到最後，都會遇到管理瓶頸，最明顯的表現就是組織架構重疊、管理層次繁多、人員冗餘。因為許多中小型企業的投資者對整個企業具有絕對的控制權，組織架構設置隨意性比較大，很可能出現幾個人或部門都在做同樣的事情，無形中造成人力資源的浪費。許多企業的組織架構是金字塔狀，管理層次七八層甚至十幾層的都有。中間管理層過多，會使部門之間資訊溝通不暢，協調困難。不合理的組織架構設置導致機構臃腫。一般員工上萬的大型企業才設置總經辦、行政部、人力資源部等部門，但一些員工僅數百人的企業也這樣設置。部門劃分過細就會使部門之間業務交叉，導致權、責、利分配不清晰。機構臃腫的併發症是人員冗餘，人浮於事。這樣的企業管理層次過多最直接的後果是人力資源成本居高不下，間接後果是政出多頭，員工職責不明晰，士氣低落，進而導致工作效率降低。

不僅如此，管理層次過多的機構和企業，其經營管理還會有以下症狀：

一是決策效率和效果低下。經營管理是否有效，很大程度上取決於生產經營情況和決策管理資訊是否可以快速、準確、及時、無誤地上傳和下達。管理層級過多、鏈條過長，勢必使上下資訊溝通不暢或延誤或失真，既會降低決策效率，又容易導致錯誤決策。

二是管理成本增加。經營管理不僅有人工成本，也有組織成本。管理成本投入後的產出利潤大小，可以反映企業內部管理效率的高低。

三是內部監管失控。監督管理的有效性必須在一定的合理層級範圍內才可以發揮。管理層級過多、鏈條過長，行業覆蓋面過寬，鞭長莫及，上層對下層的監管勢必成為問題。有些集團公司連自己下屬的子公司有多少家都搞不清楚，監督和管理只會流於形式。

四是競爭和適應能力下降。由於機構臃腫、決策低效，因而反應遲鈍、行動緩慢，往往難以適應快速多變的外部經營環境。加上涉獵行業過多，經營範圍過於分散，往往不能把有限的資源和精力集中在自己擅長的領域，造成主業過多，主輔不分。

五是由於管理層級過多，管理鏈條過長，造成相關控制人員也隨之增多，進而形成難以控制的資產流

失管道。

傳統管理模式的企業和組織強調分工，組織結構也是傳統的高尖式組織結構，也就是金字塔式、自上而下、遞階控制的管理組織形式。

隨著時代和經濟的發展，這種管理層次過多的組織結構，由於存在對外界環境變化回應遲緩和壓抑組織成員全面發展等弊端，越來越無法適應新經濟時代管理的需要。

陷入此種管理瓶頸的中小企業，可以根據傑克・威爾許的「無邊界組織」的理念，注意加強科學的組織設計，減少不必要的管理層級。「無邊界組織」的概念，尋求的是減少管理鏈條，對控制跨度不加以限制，取消各種不必要的職能部門。面對龐大的公司機構，透過「無邊界組織」減少公司內部的資源浪費和政令不通，消除公司的內部管理障礙，為企業管理營造更暢通高效的條件。

因此，科學的管理表示首先要有科學的組織設計。組織設計是為組織目標的實現服務的，是以自己的生產特點、人員實際能力作為基本的考慮依據。科學的組織設計可以使組織形式與企業的運作需要達到最佳的契合，可以透過科學、合理地組織設置減少不必要的管理層次，避免人力資源的浪費和提高管理工作效率，進而為企業獲得最佳效益奠定基礎。

一第五章一

修路理論：用制度管人，用教育育人

一個人在同一個地方出現兩次以上同樣的差錯，或是兩個以上的人在同一個地方出現同樣的差錯，一定不是他們有問題，而是這條讓他們出差錯的「路」有問題。對此，現代管理學稱為「修路理論」。修路理論告訴我們，管理工作最重要的不是管人，而是在於「修路」。

制度為綱——為員工成長鋪路搭橋

一位著名的管理諮詢專家說：「管理就是管出道理，道理就是規則規範。」這裡所說的規則規範，是指管理中的各項規章制度。中國傳統文化中「沒有規矩不成方圓」的思想，也闡釋規章制度的基礎性作用。

約翰和亨利到一家公司拜訪，這家公司在一幢豪華大樓裡，落地玻璃門非常氣派。可是，由於玻璃過於透明，許多來訪客人因為不留意，頭撞在高大明亮的玻璃門上。不到半個小時，竟然有兩位客人撞上玻璃門。

亨利忍不住笑了，對約翰說：「這些人走路的時候，竟然看不見這麼大的玻璃。」

約翰不認同亨利的說法，他說：「真正愚蠢的不是撞上玻璃門的客人，而是設計者。如果不同的人在同一個地方犯錯，就證明這個地方確實存在缺陷。應該考慮怎麼修正缺陷，而不是嘲笑那些犯錯的人。」

於是，亨利向這家公司的經理提出意見，在這扇門上貼上一根橫標誌線，從此再也沒有來訪客人撞上玻璃門。

世界上沒有完美的制度，也沒有完美的管理，任何一家公司管理中都會存在問題。管理進步最快的方法之一就是：每次完善一些，每天進步一些，每個人可以因為不斷修「路」而進步一些。這裡所說的「路」就是制度和規範，「修路」就是建立制度。作為一個領導者，最重要的工作不是「管」——懲罰犯錯的下屬並且要求他不要重犯錯誤，而是制定讓人各司其職的制度——修築讓人各行其道的「路」。

把路修好，讓員工好走路

世界上本來沒有路，走的人多了，就有路了，想要行駛便捷，需要不斷修路。

在組織運行管理中，領導者應該如何修路，才可以達成組織目標，又可以促進員工成長，進而實現組織和員工的共贏？

修路反映對員工的人性認知

修路理論告訴我們，領導者的核心職責是修路，而不是管理人。把工作重心放在修路而非人身上，是領導者對員工持有何種人性假設的現實寫照。

如果基於員工懶惰、貪婪、自私、無創造力、無責任心的人性認知，領導者必然透過嚴格各項規範制度，杜絕和克服其自身劣勢，促進工作任務的完成，這是「無人」管理模式的經典寫照，也是修路理論第一層面意義的表現。但是領導者認為員工有責任心而且能力不斷提升，即認為員工不再把工作當成獲取每個月財務支持的手段，而是主動承擔工作責任、積極提出管理建議，並有能力取得工作成效的時候，注重修路就是為員工創造提高績效、發揮潛能的基礎條件和寬鬆環境，更好地服務於人，讓員工好走路、少走彎路。

修路促進工作正常有序

遊戲必有規則，經營管理的規則是所有工作制度，完善工作制度就是保證讓員工少走彎路。但是現實中的情境並非如理論一樣理性嚴謹，許多情況下，責任不清、職責不明，工作中推諉現象嚴重。因此，完善工作制度，如人力資源管理工作分析為員工規定從事某項工作的職責、內容、程序、標準，規定責任人的工作隸屬、合作、服務關係，提出從事該工作的人的資格與條件，必然從制度上確保選擇合格的員工，並且以正確的方式做正確的事。這就像把路修好，不斷修改各項規章措施，使行人順利行進一樣有效。

管理是動態的，不斷修路正是管理各項職能靈活應對組織內外環境的動態變化，不斷調控、權宜制衡的積極舉措。不斷修路就是不斷修葺組織運行過程中不利於員工發揮潛能的各種障礙，剔除這些障礙會有效保證員工、部門、組織目標的順利實現和各自利益的獲取。

·帕·金·森·定·律·

路越修越好

任何組織都有其建立、成長、成熟、衰退的階段，內外環境變化使得組織運行管理不可能一帆風順。因此要求組織管理應在宏觀戰略規劃的基礎上，對戰略目標層層分解，落實到部門和個人，針對計畫、有效組織，並且在各級職能完成過程中，認真檢查與控制，查漏補缺，立刻「修路」，為組織後續運行做好準備。這樣一來，組織應對問題的經驗會越來越豐富，組織成長與進步會越來越顯著，「路」會越來越好走。

就像修得寬敞平坦的大道，制定行走規則，完善各項設施，行人才可以自由順暢行進一樣，組織運行的「修路」應該以員工為中心，創造各種條件發揮員工才能，最大限度滿足員工的合理需要，提高其工作滿意度，促進部門順利完成任務，實現組織目標。

清除路障，不讓員工摔倒

修路理論強調，只要這條「路」有問題，不僅一個人出錯，而且一定有其他人犯同樣的錯，如果今天沒有人在這裡出差錯，明天或是後天還會有。

生活中這樣的例子很多：

有一盆花放在路邊某處，有兩個人路過的時候不小心碰了它一下，正確的反應是：不是這兩個人走路不小心，而是這盆花不應該放在這裡，或是不應該這樣擺放。

一般認為，如果一個人在同一個地方摔上兩跤，他會被人們恥笑為「笨蛋」，如果兩個人在同一個地方各摔一跤，他們會被人恥笑為兩個笨蛋。按照「修路理論」，正確的反應是：是誰修了一條讓人這麼容易摔跤的路？如何修好這條路，才不至於再讓人在這裡摔跤？

帕金森定律

如果有人重複出錯，一定是路有問題，例如：對他訓練不夠，相關流程不合理，操作太過複雜，預防措施不嚴密。

如果有人工作偷懶，一定是因為現行的規則可以給別人偷懶的機會。

如果有人不求上進，一定是因為激勵措施還不夠有力，或至少是你還沒找到激勵他的方法。

如果有人需要別人監督才可以做好工作，一定是因為你還沒有設計出一套足以讓人自律的遊戲規則。

如果某個環節經常出現推諉現象，一定是因為這段「路」上職責劃分得不夠細緻明確。

如果經常出現貪汙腐敗現象，一定是「路」給他們許多犯罪的機會。

對於企業和國家，好制度就是「路」。好制度會讓壞人無法做壞事，不好的制度會讓好人變壞。

想要避免員工投機取巧的行為，杜絕推諉現象，領導者需要做到以下幾點：

一是加強員工素質培訓，努力提升員工的素養，讓員工變得更「結實」，不要輕易被「路障」絆倒。

二是隨時檢查「路」，如果發現問題，立刻把「路」修好，讓它不容易絆倒別人。這樣一來，因為「路」越來越好，問題就會越來越少，進步也會越來越多。

三是做到「持續改善」。持續地對制度進行修改和完善，制度就會越來越完善，在一個規範、科學、合理的制度下工作，員工也會約束和檢視自己的行為，減少工作中的錯誤，不斷地獲得進步。

用制度管人，用教育育人

在現代管理的要素中，具備一定素質的人，是唯一產生主導作用的要素。人的要素不同於作為管理客體的其他要素，只有把人的要素作為根本，才可以依靠被管理的人，組織協調物的要素和其他管理要素。人既然是管理中的首要因素，就存在在管理中如何規範和制約人們思想和行為的問題。社會的管理、單位的管理、工作中的管理、人的管理，主要依靠制定法紀、制度、公約，精明的領導者都是善用制度管人的人。

人管人得罪人，只有用制度管人，才可以真正管好人。一個單位工作的好壞，團隊有沒有戰鬥力和凝聚力，是否可以做到政令暢通，令行禁止，很大程度上取決於各項制度是否配套完善，制度執行得如何。因此，必須掌握制度建立的幾個層面，使各項制度相互配套，形成全面、統一的整體功能，做到用制度管人、管事，用制度激勵、調動人的積極因素。所以，要管理好人，就應該一手抓制度管人，一手抓教育育人。只有堅持教與管的有機統一和協調，才可以使各項建設步入良性運作的軌道，促進和推動事業的發展。制度建立是實現現代管理工作的一個極其重要的環節。在一定意義上說，制度相當於管理工作中的「法」。每個企業、每個單位都應該有這個「法」。所以，建立完善的規章制度，以制度加以硬約束，這是做好管理工作的關鍵。做到這一點，就可以營造一個能者上、平者讓、庸者下的良性競爭氛圍，達到管理的目的。

制度是人制定的，需要人去執行。要使制度能順利貫徹實施，一方面，要維護制度的嚴肅性。要落實在規章制度面前人人平等的原則，不管是什麼人，只要發生違規行為，就要按章處理。另一方面，要建立激勵機制。

我們生活在一個物質的社會，每個人都需要一定的物質來滿足自己的生命和生活需要。因此，要在用規章制度去調動人的積極性的同時，還必須有激勵力量。只要做到有「法」可依，就可以避免人為、人治因素的主觀隨意性，使我們所有工作穩步進行，並且步入制度化、規範化的軌道。

制度面前，人人平等

企業內不允許有不受制度約束的特殊人和關係人，如果要在企業內超越工作關係，超越規章制度辦事，只能讓其選擇離開。我們經常可以看到這樣的情況：企業的領導者有很好的悟性，一些好的規章制度非常科學嚴密，但在執行過程中卻像是一拳打在棉花上，不能落地生根。執行力不是一個表象問題，要達成「提高執行力」的目標，首先要找出執行體系中的關鍵要素——那些產生特別作用的要素，制定相應的法則，才可以保證執行力的健康發展。

這種認識值得關注：企業執行力差的原因，很大程度上在於員工不能正確執行公司的制度，一方面是因為員工缺乏正確的意識，另一方面則是員工缺乏足夠的專業技能。因此，領導者總是希望讓員工接受大量的培訓，透過培訓來改變認識、提高專業技能，進而強化執行力。其實，這是一個誤區，他們將注意的焦點過於集中在員工身上，採用的也是「治標不治本」的手段。這樣問題的出現，與領導者自身的態度也

帕金森定律

有密切的關係。因此，誰出現問題就找誰，這是人人平等原則的精要。

亞里斯多德曾經說：「穩定的國家是以法律面前人人平等為基礎。」

《三國演義》裡講述一個故事：

為保護農民的利益，曹操傳令三軍：經過麥田時，不得踐踏莊稼，否則一律斬首。

這一天，曹操正帶領軍隊出征張繡，一隻斑鳩突然飛過，曹操的坐騎受驚跑進麥田，踏壞一大片麥子。曹操要求行軍主簿對自己進行軍法處置，主簿十分為難。曹操卻說：「我自己下達的禁令，現在自己違反了，如果不處罰，怎能服眾？」當即抽出佩劍要自刎，左右隨從急忙解救。

這個時候，謀士郭嘉急引《春秋》「法不加於尊」為其開脫。曹操說：「既《春秋》有『法不加於尊』之義，吾姑免死。」但還是割下自己一束頭髮，擲在地上對部下說：「割髮權代首！」叫手下將頭髮傳示三軍。將士們看後，更是敬畏自己的統帥，沒有出現不遵守命令的現象。

在制定和執行制度的時候，要堅持制度面前人人平等的原則，特別是在執行制度的時候要一視同仁，每個人都必須遵守，尤其是企業的領導者必須率先貫徹執行。如果在制定和執行制度的時候，忽略公平公正這項基本原則，企業的管理制度會成為一紙空文，成為粉飾自己的「花瓶」。

一第六章一

熱爐法則：違反規則必會受到懲罰

碰觸一個燒紅的火爐，就會立刻受到燙傷的懲罰——這是現代管理學中有名的熱爐法則：火爐擺在那裡是燒紅的，任何人都知道不能去碰觸；如果有人敢去碰觸，必然要被燙傷；燙傷在時間上是即時的；燙傷在對象上是普遍的。以上四點隱喻說明加強制度建立，切實保證制度的貫徹實施，必須處罰以身試法者。

規則是不可觸摸的「熱爐」

每個組織機構和企業都有自己的「天條」及規章制度，員工中的任何人觸犯了都要受到懲罰。制度明確規定員工應該做什麼，不應該做什麼，就好像是標明在哪裡有「熱爐」，如果碰上它，就一定會受到懲罰。只有這樣，才可以做到令行禁止、不徇私情，真正實現熱爐法則。

熱爐法則具體地闡述懲處原則：只有罪與罰能相符，法與治才是值得期待的結果。為了達到這個目標，心理學家沃爾特・克魯塞茲根據研究結果提出幾點原則：

警告性原則

熱爐火紅，不用手去摸也知道爐子是熱的，是會灼傷人的。領導者要經常對下屬進行規章制度教育，警告或勸誡其不要觸犯規章制度，否則會受到懲處。

行為替換原則

每當你碰到熱爐，肯定會被灼傷。對人進行懲罰之前，要向他們說清並使他們明白受罰的原因。每個單位都有自己的「天條」及規章制度，單位中的任何人觸犯了都要受到懲罰，懲罰的是他的不當行為，而並非是針對他這個人。

即時性原則

碰到熱爐的時候，立刻會被灼傷。懲處必須在錯誤行為發生後立刻進行，既不拖泥帶水，也不宜以後追究，絕對不能有時間差，而且懲罰時間要短，使其達到及時改正錯誤行為的目的。

公平性原則

不管誰碰到熱爐，都會被灼傷。有人出現不適當行為的時候，在給予懲罰的過程中要使其學會用適當的行為來取代不當行為，如果適當行為出現則懲罰停止，不能持續懲罰，也不能因為對方有其他方面的成績，就可以免於行為過失的懲罰。

程度原則

被灼傷的程度以與熱爐接觸的緊密程度和時間長短有關係，懲罰以制止不當行為發生為限，處罰過度反而有害。

對下屬的過錯不要姑息養奸

縱容下屬，自食其果，這是管理工作中鐵的教訓。現代企業領導推崇「以人為本」，要把下屬擺在主體的地位加以考慮，尊重他們的人格，體察他們的性情，重用他們的能力。但是不表示以情感代替原則，以理解取消制度，因為這樣只能縱容下屬產生不合理的欲望和行為。要知道，這是管理工作的大忌。

作為一個領導者，我們提倡對下屬多寬容、少苛責，但是也不能寬容得過分，變成姑息養奸。姑息養奸，不僅無法讓下屬對你心悅誠服，反而會讓你威風掃地。

斥責，一般是主管對下屬的行為，是單方面的特權，但是不表示主管可以隨意斥責下屬。作為主管，在斥責下屬的時候，對方並非都會從內心深處感到懊悔，並且向你道歉。對於此種類型的下屬，必須使他瞭解你斥責的緣由。或許你因此會花費較長的時間與精力，但是不可吝於付出這樣的努力。對於會產生反抗行為的下屬，則要詳細解釋到他能完全理解為止。

有些下屬被斥責的時候，會很有技巧地支吾其詞，或是將責任推到別人身上，然後逃之夭夭。對於如此狡猾的下屬，必須嚴厲地斥責。假如對此種現象視而不見，則「賞罰分明」原則就會有所疏失。

·帕·金·森·定·律·

對於可能產生反抗行為的下屬，必須使其瞭解錯處。或許對方會提出辯解，必須靜下心來傾聽，然後在下屬的辯解中發現他的誤解之處，如果有誇大其詞、歪曲事實之嫌，應該立刻指出，並且令其立刻改正。如果遇到難纏的下屬，必須事先做好心理準備。有時候因為狀況不同，必須分組徹夜討論，此時更不應該膽怯，必須具備充足的幹勁。

完全不聽下屬的辯解是不近人情的。每個人都有自尊心，只是單方面地被斥責而無法提出解釋的機會，對方必定會覺得不公平。如果下屬說一些毫無意義的理由，可見他的內心已經有些紛亂！即使下屬一廂情願地以為自己的辯解得到認同。但此想法對他而言，可說是一大安慰。預留一點餘地給對方是一種美德。《孫子兵法》曾經提到要事先給敵人預留退路，以免其殊死搏鬥。就算是與你有深仇大恨的下屬，也不可將其趕盡殺絕，片甲不留。否則，不僅自己受到傷害，周圍的人也會感到困擾。

有些下屬會因為被斥責而顯得意志消沉，有些下屬會嚇得面無人色。然而，斥責亦是一劑良藥，可以藉此期待下屬從失意的泥沼中站起來。斥責對下屬而言是一個相當沉重的打擊，不妨在私下拍拍他的肩膀或握握手予以安慰，相信這劑藥方將會發揮很大的療效。

想要不姑息養奸，就要學會斥責下屬，使其隨時注意自己的言行。

懲一儆百，讓其他人引以為戒

作為一個領導者，如果不是一個下屬在你面前為所欲為，而是一群——這個時候，應該怎麼辦？不妨懲一儆百。

有些領導者面對這種情況不知如何是好，想要懲一儆百卻又怕犯了眾怒，如此猶豫不決，反而擴大惡劣影響！逐漸地，你的刀口越來越鈍，最後落得誰也不敢批評的下場，甚至無法領導下屬。所以，在需要批評的時候，就要大聲地批評。

在眾人面前批評某個下屬，其他下屬亦會引以為戒。此即所謂的「懲一儆百」，即藉由處置一人來使別人反省。

當場被批評的人，宛如是眾人的代表。在任何團體中，皆有扮演被批評角色的人存在。領導者經常會在眾人面前批評他，讓其他人心生警惕。但是這個角色絕非每個人皆能勝任，必須選出一個個性適合的。

·帕·金·森·定·律·

他的個性要開朗樂觀、不鑽牛角尖，並且不會因為一點瑣事而意志動搖，如此才可以適合此項任務。應避免選用容易陷於悲觀情緒或是太過神經質的人。如果錯誤地選擇此類型的下屬，往後會帶來許多的困擾和麻煩。

雖然你只能對自己的下屬批評，有時候也會遇到必須批評其他單位員工的情況。這不僅越權而且有悖公司的準則，然而相信亦有例外的情形。例如：某家服裝公司的銷售部主任，平時對採購部科長的應付態度太過懶散頗為不滿，但是由於對方的身分是科長，因此無法當面予以指責。雖然他曾經與自己的主管——銷售部科長討論，然而由於主管的個性軟弱，因此無法從主管那裡得到任何解決方案。就在思索如何利用機會與對方直接談判的時候，分發部的某位員工因為未遵守繳交期限而發生問題。他藉機大聲批評那位犯錯的員工，並且故意在採購部科長面前批評。此時，採購部科長並未表示任何意見，然而弊端在不久之後就改善了。

此項技巧採取的就是游擊戰術，對下屬採取正面攻擊的時候比較麻煩，但是如果你本身有理，就不會覺得那麼可怕。遇到形式上的反攻，只要稍微轉身就可以反擊。對於無法與其正面爭吵的人，如果企圖使其認同你的主張，上述的方法不失為一則妙方。

主管藉由批評下屬的行為，也可以轉換為本身的警惕。批評下屬「不准遲到」的時候，自己也不可以遲到。批評因為喝醉酒而誤事的下屬，自己也不可有喝醉酒的情形發生。對下屬的批評，最終受益最多的人或許是自己。因此，更不應該錯失良機，必須謹慎地選擇批評的機會。

應該扮黑臉的時候不妨扮黑臉，應該扮白臉的時候不妨扮白臉，讓下屬看看你不可觸犯的一面。

該獎一定獎，該罰一定罰

追求快樂、逃避痛苦是人的一種本能。有鑑於此，管理制度的設計也分別引入獎勵和懲罰兩種手段。獎勵是一種激勵性力量，懲罰是一種約束性力量，在獎勵和懲罰之間的地帶，是領導者縱情馳騁的空間。但是，在近來人性化管理大行其道的影響下，很多領導者十分重視運用獎勵制度，冷落懲罰制度。具體表現在相對於獎勵制度，懲罰制度的方式和力度都有減少，甚至變成一紙空文，無法獲得執行。這種主動放棄懲罰的做法，是一劑管理上的毒藥，日積月累後，其危害不容小視。

獎懲制度的層級應該是這樣的：懲罰、不懲罰、不獎勵、獎勵。換句話說，獎勵和懲罰都是相對的，應該獎勵的時候不獎勵，就相當於懲罰，即隱性懲罰；應該懲罰的時候不懲罰，就相當於獎勵，即隱性獎勵。領導者可以看到顯性的獎勵和懲罰，卻看不到隱性的獎勵和懲罰。

採用激勵性的獎勵手段來管理，當然符合人性，這是無可厚非的。但是，不應該以減少或弱化使用約束性的懲罰手段為前提。兩者不衝突，而是相輔相成。領導者只有正確地理清自己的獎懲觀，才可以在獎懲之際遊刃有餘，建立合理的獎懲制度，做到賞罰分明。

此外，想要使獎懲的效果更好，一定要做到「賞不逾時」，並且在懲罰時注重「熱爐法則」。所謂「賞不逾時」，即一種行為剛做出以後，人們對其感觸較深，這個時候即予以表揚和獎賞，刺激比較大，激勵作用比較強。因此，及時獎勵是一個重要的方法。這就要求領導者要積極開動腦筋，多搞些花樣，對下屬的成績給予及時多樣的獎勵。

對違反規章制度的人進行懲罰，必須照章辦事。該罰一定罰，該罰多少即罰多少，來不得半點仁慈和寬厚，這是樹立領導者權威的必要手段。西方管理學家將這種懲罰原則稱為「熱爐法則」——十分具體地道出它的內涵。

熱爐法則認為，當下屬在工作中違反規章制度，就像去碰觸一個燒紅的火爐，一定要讓他受到「燙」的處罰。這種處罰的特點在於：

（一）即刻性。碰到火爐的時候，立刻就會被燙傷。

（二）預先示警性。火爐是燒紅擺在那裡的，誰都知道碰觸會被燙傷。

（三）適用於任何人。火爐對人的「燙傷」不分貴賤親疏，一律平等。

（四）徹底貫徹性。火爐對人的「燙傷」絕對「說到做到」，不是嚇唬人的。

帕金森定律

領導者必須兼具獎罰兩手，實施起來還要堅決果斷。獎賞別人是一件好事，懲罰雖然會使人感到痛苦，但是絕對必要。如果執行賞罰的時候優柔寡斷，瞻前顧後，就會失去應該有的效力。

寬嚴適度，懲罰重教不重罰

懲罰一般分為批評、紀律處分、經濟處罰、法律制裁四種方式。無論採用哪一種方式，都要講究方法和藝術。

正確處理教與罰的關係，教重於罰

懲罰不是目的，是為了更好地教育下屬和調動其積極性。因此，要以防為主，防懲結合，教懲結合，不能為懲處而懲處。要從教育人、挽救人、調動人的積極性的目的出發，把教育與懲罰緊密結合起來。一定要堅持思想教育在先，懲罰在後；要堅持以思想教育為主，以懲罰為輔。實施懲罰的時候，要「重重舉起，輕輕打下」，平時教育從嚴，處罰從寬，思想批判從嚴，組織處理從寬，重教輕罰。領導者在懲罰前，如果不預告警示，勢必使下屬產生無過受罰之感，弄得人心惶惶，進而離心離德。所以，領導者要先教後罰，多教少罰，這樣不僅可以使犯錯的人減少，而且還可以使下屬心服口服。

正確處理法與罰的關係，罰前先建立制度

獎賞是以功績為依據的，懲罰是以過失為依據的。制度是人們的行為界定的規則，是維護人們正常生活、工作等秩序的手段，也是判定人們過失大小的依據。因而，有制度才有懲罰。沒有制度，懲罰就沒有標準，也就沒有真正的懲罰。所以，領導者在實施懲罰前，必須首先制定有關制度，讓下屬有明確的行動準則和禁界，以自覺維護正常的工作秩序，然後才可以對違反者依制度懲處，否則不足以服眾，難以達到懲罰的目的。

正確處理寬與嚴的關係，寬嚴適度

領導者對待犯錯的下屬，要像醫生對待病人一樣寬嚴相濟，根據病情，找出病因，說明其危害程度和嚴重性。作為一個領導者，要嚴格掌握懲罰的度。在實際工作中，對違規者一定要具體分析其錯誤的性質和情節，區別是偶然還是一貫，考察其一貫表現及認錯態度，全面地、歷史地具體分析有關問題。根據錯誤的大小、性質及危害程度，區別對待，需經濟懲罰的則經濟懲罰，該行政處分的要行政處分，對確實做出各種努力真心實意想把工作做好，但是由於許多原因導致工作有些失誤的，要從寬對待。總而言之，過

寬或過嚴，過輕或過重，都會削弱懲罰的效果。過寬，不足以制止不良行為；過嚴，會造成反抗心理，不僅無法產生懲罰的作用，反而會適得其反。領導者對人對事，該寬該嚴，不能從自己的主觀好惡出發，更不能感情用事。領導者只有鐵面無私，從實際出發，寬嚴公道，才可以有效調動下屬的積極性。

正確處理罰與理的關係，罰後明理

懲罰兌現之後，無論是行政紀律處分，還是經濟處罰手段，都無法代替必要的思想政治工作。有些領導者對下屬的不良行為，動不動就以處分、罰款、扣獎金了事，以罰代教，結果造成不良影響，甚至造成對立情緒。必要的處罰做出以後，事情並沒有完結，要把思想工作跟上去，具體指出他錯在哪裡，幫助其查找犯錯的思想根源，讓其真正認識自己的錯誤，使其增強改正錯誤的決心和信心，並且為其改正錯誤創造條件。

正確處理罰與情的關係，情罰交融

領導者對有過失的員工，也要尊重、理解、關心，要關心他們的實際生活，為其排憂解難，讓其充分體會到領導者的溫暖。但是不能以失去原則為代價，也就是說，既要重視人情味，又不能失去原則性。否則，應該處分的不處分，大事化小，小事化無，不僅無法使下屬吸取教訓，引以為戒，還會助長歪風邪氣，失去制度的嚴肅性和威懾力，降低自己的權威性和號召力。因此，不可以把人情味庸俗化。要重視人情味，更要重視原則性。只有在堅持原則的前提下，人情味才可以更有效，更具有教育性和感召力。

—第七章—

印加效應：不懂授權，自己做到死

南美洲的印加帝國實行高度而嚴格的集權統治，即使是一件小事，也要請示最高當局。一天，西班牙征服者皮薩羅帶領一支一百六十八人的分遣隊來攻打印加，印加帝國擁有二十萬軍隊，但是必須經過層層請示才可以出兵。西班牙人抓住時機，活捉印加帝國的國王，印加帝國戰敗了，這就是具有諷刺意味的「印加效應」。

印加帝國滅亡的根本原因在於管理方式的錯誤，這種高成本的管理方式需要高度集權和絕對統治，如果這個前提發生改變，就會罹患一種集體失能症，給組織帶來無法預期的影響。印加效應對企業的管理有一個重要啟示，那就是：「無權不攬，有事必廢」。適當的分權管理甚至放權管理，是成功管理的法寶。

勇於授權，將自己解放出來

為什麼授權如此重要？為什麼要努力提高授權技巧？授權有什麼好處？

時間管理諮詢專家泰勒清楚地表示：「授權是領導者最重要的組成部分。」管理及領導權威史蒂芬‧柯維在他的暢銷書《高效能人士的七個習慣》中指出：「……有效授權也許是唯一而且最有力的行為。」以上都顯示授權的價值，但授權有什麼益處，以至於有如此大的威力？為什麼授權對於有效率的領導者來說如此至關重要？

顯而易見，授權的益處之一是能節省時間。作為一個領導者，有很多事需要你去把握和處理，你總會覺得時間不夠用，很多事不能及時去做，但是如果你能把一部分工作分配給別人，時間上的壓力會減輕許多。

如果只是把工作丟給其他人，卻沒有周全的計畫和準備工作，你的授權嘗試就會失敗，並且你必須收拾殘局。在這種情況下，你反而使自己的時間壓力劇增，而不是減輕。因此，在授權一項活動或任務的時候，最重要的是制定計畫和充分準備。

擔任的管理職位越高，你花在具體事務上的時間越少。取而代之，你要花更多的時間去「計畫」，成功的授權可以節省你親自做具體事務的那部分時間，使你更好地為組織貢獻你的力量。

一般來說，在一個組織中，做出決定和執行任務應該由盡可能低級別的員工去完成。這對組織順利有效地運作是切實可行和必不可少的。

例如：一個文具供應公司的員工如果可以決定訂哪種裁紙刀並且知道如何下訂單，不必主管介入就完全可以獨立完成工作，他的主管就可以解放出來，把精力投入到重要的決策和任務中。

如果你的員工完全能處理一項任務，你就不應該再在這上面花費時間。不然，既浪費時間，又無法給別人提供發展的機會，而且會削弱整個組織的力量。作為一個領導者，你的職責是培養你的員工，幫助他們建立信心，而不是讓他們受挫，所以你應該學會授權。

培養員工應該是每個領導者的基本職責。如果培養員工不是一個組織最基本的信念和行為，這個組織就無法長久地生存下去。領導者應該有一位一授權就可以立刻接受任務的員工。如果沒有，就要培訓出這樣的員工。

授權正好是培養員工能力最有力、最有效的方法之一。

授權為員工們提供學習及成長的機會。正確使用授權技巧還可以激勵他們的進取心，使他們獲得工作的滿足感。你將一項重任託付給別人的時候，就已經表示出對他的信心，有助於他建立自尊。

如果員工們認為你為他們的成長提供機會，他們可能會被激起鬥志，全身心投入到工作中。他們認為你確實對他們的事業發展感興趣，而不是只顧你自己。他們會格外努力地去成功地完成你授權的任務。他們希望讓你、讓他們自己都滿意。

善於分權，調動下屬積極性

領導者應該根據情況，適當分權或授權來調動下屬的積極性。授權，用一句通俗易懂的話來說，就是領導者將應屬於下屬的權力給予下屬，對領導者來說，授權是應該掌握的一項基本的領導技能。

授權是一種重要的用人藝術，是分層管理的需要，是成就事業的必要手段。大膽授權對領導者來說，既是必要的，也是有利的，它可以使領導者從瑣碎的日常事務中解脫出來，減輕自己的工作壓力，專心處理全域性的重大問題。可以提高下屬的工作積極性，增強責任心，發揮其特長，提高工作效率，極大地促進企業的發展。因此，領導者在任用人員的時候要敢於放權，而不要搞權力專制。

中國古代的許多領導者就懂得放權任人，唐玄宗李隆基就是其中一位。他在即位初期，任用姚崇、宋璟等名將名相，其中就很講究用人之道。

有一次，姚崇針對一些低級官員的任免問題向唐玄宗請示，連問三次，唐玄宗都不予理睬。姚崇以為自己辦錯事情，慌忙退了出去。正巧高力士在旁邊，勸李隆基道：「陛下繼位不久，天下事情都由陛下決定。大臣奏事，妥與不妥都應該表示態度，怎麼連理都不理？」唐玄宗說：「我任崇為政，大事吾當與決，重用郎使，崇顧不能而重煩我邪？」表面上看，玄宗是在批評姚崇拿小事麻煩他，實際上是放權姚崇，讓他敢於做事。

後來，姚崇聽了高力士的傳達，放手辦理事情。歷史記載，姚崇「由是進賢退不肖而天下治」。正是因為唐玄宗敢於放權用人，使各級官吏可以充分發揮自己的才能，歷史上才會出現著名的「開元盛世」。

授權不只是單純的表面行動，更要引發個人的責任感，讓事情做得好且做得正確。凡是高明的領導者，無不精於授權。

適當的分權管理甚至授權管理，是成功管理的法寶。例如：IBM、諾基亞、惠普等企業，管理比較嚴格，工作流程也比較規範，良好的企業文化使得決策者珍視自己的形象，形成民主而有效的管理氛圍。

適當放權，使企業和組織走出困境

一九四六年，通用食品公司實行的是權力集中的經營，有關製造、銷售、市場推銷、研究、人事及其他主要工作都受總公司管轄，但是這種體制越來越不適應廣泛的多元化生產。

公司高層領導者發現他們處理的多是一些無足輕重的日常決策，有時候在進行決策時還涉及實際衝突，這使他們精疲力竭。這種領導體制嚴重限制高層的領導力量。他們都覺得必須建立一種更合理、更有利於發展的體制。

美國通用食品公司的領導者認為必須建立新的領導體系，按照適當性、可控性、帶責信任、考績等原則，重新安排公司在管理方面的人力物力，做到「哪裡有行動，哪裡就有權」。他們首先採取的，就是使公司的許多工作、產品及市場都改由比較接近第一線的工作人員來做決策。

對此，公司領導者有一個指導思想，那就是：哪裡有行動，哪裡就有權。他們的目標，就是把各部門具體的管理責任，放在各部門經理身上，而有關公司的決策、目標和寫作的責任，仍然由公司的領導者來承擔。

幾經分合和權衡，通用食品公司形成五個經營部門，部門下又設有「策略性商業組」。經過改組，這些部門都可以把業務的重心集中到消費市場上來，避免以前那種消耗和浪費，也使通用食品公司可以用最集中的方式運用它的財力物力來配合業務的增長。在新的領導體制下，各部門總經理參與全盤決策，並且對直接投資取得足夠利潤要分擔責任。

重要的是，他們要負責使各部門內的財力、物力得到最佳的運用，並負責採納部門內「策略性商業組」經理所建議的策略。各組的經理則要負責維持他們業務的健全而具競爭性的地位，並且提供利潤。

實行新的管理體制使通用食品公司取得令同行欽佩不已的經營業績，通用食品公司已經成為美國著名企業之一。

適當的分權或放權可以使管理工作有比較合理的負擔，減少浪費個人能力並使管理人員不至於把精力用在不應該用的地方；培養出一批特殊的管理人員，他們有獨立的見解、足智多謀、頭腦靈活，給企業和組織決策帶來巨大的幫助，更有利於企業和組織的發展。

不當「甩手掌櫃」，加強授權控制

領導者明確授權之後，主要職責就是進行有效控制，做到掌握總目標，對下屬多加指導。

領導者授權的全部目的，就在於激勵下屬為實現總目標而分擔更多的責任。現代的任何組織，無論是企業、事業、商店、學校、機關、團體以及軍事單位，都是一個多因素、多層次的有機整體，整體與局部、整體與環境、局部與局部有密切聯繫，任何局部出現偏差都會妨礙整體領導目標的實現。領導者的根本任務是保證整體領導目標的實現。

因此，授權以後的領導者，就要把精力主要放在議大事、掌握全域上，隨時綜觀全域的各個過程，及時掌握變化中的新情況，發現領導決策和執行中出現的偏差、衝突和問題，並且對可能出現的偏離目標的局部現象進行協調和改善。

下屬有職權之後，計畫如何制定，工作如何安排，任務如何完成，派誰去完成，這些都是他們分內的事情，授權者不要再去過問。領導者要過問的是下屬的目標是否可以如期或提前實現。領導者要善於發揮導向作用，根據形勢的發展，為下屬提供切合實際的觀點、方法和措施。多協商，少強制；多發問，少命令。領導者不要強迫下屬做力所不能及的事情，大力支持其工作。

領導者的授權，是讓下屬分擔責任，要放手讓他們對各自職權範圍內的事進行決策和處理，只有下屬不協調或是發生衝突的時候，領導者才可以出面解決。然而，授權不是讓權，領導者授權以後還是負有全部責任，不能撒手不管，任其自流。如果領導者授權是為了省事，那就錯了。領導者在其位，就要謀其政，行其權，負其責。

權責明確，提升效率

無論是行政機構的治理，還是企業的營運管理，只重視統一領導而不重視分工賦權，就會沒有活力和效率。

領導是對全域的領導而不是任何事情都攬入自己的手中，主次不分會使團體裹足不前。領導者帶領下屬工作更重要的是協調，下級有下級應該做的工作，如果領導者與下屬做好自己的本職工作並且相互配合，事業就好辦了。要協調好上下級的關係以及下屬之間的關係，關鍵是要合理分工、權責明確。

透過分權，使下屬有一定的活動空間，同時他又有幹好這項工作的義務。每個人都有自己的義務之後，就不會在同一事情上互相推諉，而是權責明確，各司其職，各負其責。

精明的領導者總是在統一領導的前提下，把大部分具體的工作讓給下屬去做，同時還保證使分工負責每個工作的人都有職、有權、有責，以防止分工負責的下屬難以行使自己的權利，造成不必要的混亂。由於這個合理的配置，上下各方工作都秩序井然，如流水作業一般，其效率也會顯著提高。

分工賦權是一種用人方法。它不僅是一種權力關係，也是一種人際關係，即由此與下級溝通，激發下屬的工作熱情。授權不同於分權，亦不是大權旁落，而是由上級向下級授予一定責任、權力和利益。這樣可以調動下屬的積極性和責任心，有利於下屬的鍛鍊與成長，並利用下屬的專長來彌補自己的不足。

分工賦權的另一個意義是使下屬有責任心和積極性，上級把任務分配到自己身上，就不能不完成。如果無法完成也不可能把責任推到別人身上，所以下屬首先有責任。此外，透過領導者的分工賦權，下屬在一定的區域內有一定的自主性，在這種可以為己所支配的範圍內，個人的進取心就會增強。

分工賦權，在一定程度上避免員工消極工作的現象，進而調動每個員工的積極性，提高工作效率，使企業有更好的發展。

一第八章一

科西納定律：用最少的人做最多的事

科西納定律由西方著名管理學者科西納提出，內容是：在管理中，如果實際管理人員比最佳人數多兩倍，工作時間就要多兩倍，工作成本就多四倍；如果實際管理人員比最佳人數多三倍，工作時間就要多三倍，工作成本就多六倍。

科西納定律揭示出在管理工作中會存在人多不負責的現象，而要克服上述現象，就要制定明確的職務工作規範，合理確定機構人員的人數，明確責、權、利，以徹底杜絕人浮於事、相互推諉、敷衍塞責現象的發生。

人員最少化，效率最大化

科西納定律再簡單不過，它告訴我們：在管理上，不是人多就好，有時候管理人員越多，工作效率反而越差。只有找到一個最適合的人數，管理才可以收到最好的效果。

科西納定律雖是針對管理層人員而言的，但是它同樣適用於對組織一般人員的管理。在一個組織中，只有每個部門都真正達到人員的最佳數量，才可以最大限度地減少無用的工作時間，降低工作成本，進而達到效率和利益最大化。

沃爾瑪前總裁山姆・沃爾頓為我們提供一個很好的案例：

作為全球最大零售企業之一沃爾瑪公司的掌舵者，山姆・沃爾頓有一句名言：「沒有人希望裁掉自己的員工，但是作為企業高層領導者，卻需要經常考慮這個問題。否則，就會影響企業的發展前景。」他深知，企業機構龐雜、人員設置不合理等現象，會使企業官僚之風盛行，人浮於事，進而導致企業工作效率低下。為避免這些在自己的企業內發生，沃爾頓想盡辦法要用最少的人做最多的事，極力減少成本，追求效益最大化。

從經營自己的第一家零售店開始，沃爾頓就很注重控制公司的管理費用。在當時，大多數企業都會花費銷售額的五％來維持企業的經營管理。但是沃爾瑪不這樣做，力圖做到用公司銷售額的二％來維持公司經營！這種做法貫穿沃爾瑪發展的始終。

在沃爾頓的帶領下，沃爾瑪的員工經常都是起早貪黑地幹，工作責力盡責。結果，沃爾瑪用的員工比競爭對手少，但所做的事卻比競爭對手多，企業的生產效率當然就比對手要高。這樣一來，在沃爾瑪全體員工的苦幹下，公司很快從只擁有一家零售店，發展到擁有全球兩千多家連鎖店。公司大了，管理成本也提高了，但沃爾頓卻一直不改變過去的做法——將管理成本維持在銷售額的二％左右，用最少的人做最多的事！

沃爾頓認為，精簡的機構和人員是企業良好運作的根本。與大多數企業不同，沃爾瑪在遇到麻煩的時候，不是採取增加機構和人員的方法來解決問題。相反地，而是追本溯源，解聘失職人員和精簡相關機構。沃爾頓認為，只有這樣，才可以避免機構重疊，人員臃腫。

在沃爾頓看來，精簡機構和人員與反對官僚作風密切相關。他非常痛恨企業的管理人員為了顯示自己地位的重要，在自己周圍安排許多工作人員。他認為，工作人員的唯一職責，就是為顧客服務，而不是為領導者服務。凡是一切與為顧客服務無關的工作人員，都是多餘的，都應該裁撤。他說：「只有從小處著想，努力經營，公司才可以發展壯大！沃爾瑪能有今天的成功，自始至終地堅持低成本運作這一點功不可沒。」

在一個越來越充滿競爭的世界裡，一個企業想要長久地生存下去，就要保持自己長久的競爭力。企業競爭力的來源在於用最小的工作成本換取最高效的工作效率，這就要求企業必須要做到用最少的人做最多的事。只有機構精簡，人員精幹，企業才可以保持永久的活力，才可以在激烈的競爭中立於不敗之地。

人多未必好辦事，兵不在多而在精

中國自古以來，就有「人多力量大」和「人多好辦事」等詞句，但是這些並非「放之四海而皆準」的真理。

領導者應該具體分析問題，不要盲目應用。尤其在任人問題上，人多未必好辦事，人不在多而在精。

唐太宗李世民，任人一貫堅持「官在得人，不在員多」的原則。他多次對群臣說：「選用精明能幹的官員，人數雖少，效率卻很高；如果任用阿諛奉承的無能之輩，數量再多，也人浮於事。」

他曾經命令房玄齡調整規劃三十個縣的行政區域，減少冗員。唐太宗還親自監督削減中央機構，把中央文武官員由兩千多人削減為六百四十三人。他還提倡讓精力旺盛、精明能幹的年輕官員取代體弱多病的年邁官員。

透過這種方法，朝廷上下全都由能人主持，辦事效率大大提高，使得政通人和，出現繁榮昌盛的「貞觀之治」。

相反地，太平天國在南京建立政權以後，洪秀全濫封王位，至天京失陷前，封王竟達二千七百多人，造成多王並立，各自擁兵自重，爭權奪利的混亂局面，進而導致天京事變的發生，促使太平天國由盛而衰，走向敗亡。

社會上這種情況屢見不鮮，即某個官職由一人擔任就足以應付，卻安排好幾個人。這種現象表面上看是體制問題，實際上是領導者在任人上的嚴重失誤。不用餘人是領導者應該嚴格遵守的原則，否則就會造成機構臃腫，人員繁多，效率低下。

「兵不在多而在精」，領導者在任人問題上一定要轉變觀念，杜絕任用庸才、閒人，做到任人唯能、任人唯賢，使團隊裡的成員個個都是精兵強將。只有這樣，才可以使組織不斷進步，企業實現良性循環，破除科西納定律的魔咒。

帕金森定律

因人設事，剷除「十羊九牧」的現象

管理大師彼得・杜拉克舉過一個例子。他說，在小學低年級的算術入門書中，有一道應用題：「兩個人挖一條水溝要用兩天時間；如果四個人合作，要用多少天完成？」小學生回答是「一天」。彼得・杜拉克說，在實際的管理過程中，可能要「一天完成」，可能要「四天完成」，也可能「永遠無法完成」。

有一家企業準備淘汰一批落後的設備。

董事會說：「這些設備不能扔，得找個地方存放。」於是專門為這批設備建造一間倉庫。

董事會說：「防火防盜不是小事，應找個看門人。」於是找一個看門人看管倉庫。

董事會說：「看門人沒有約束，怠忽職守怎麼辦？」於是又委派兩個人，成立計畫部，一個人負責下達任務，一個人負責制定計畫。

帕金森定律

董事會說：「我們應該隨時瞭解工作的績效。」於是又委派兩個人，成立監督部，一個人負責績效考核，一個人負責寫深度概括。

董事會說：「不能搞平均主義，收入應該拉開差距。」於是又委派兩個人，成立財務部，一個人負責計算工時，一個人負責發放薪水。

董事會說：「管理沒有層次，出現問題誰負責？」於是又委派四個人，成立管理部。一個人負責計畫部工作，一個人負責監督部工作，一個人負責財務部工作，一個人是總經理，對董事會負責。

一年之後，董事會說：「去年倉庫的管理成本為三十五萬元，這個數字太大了，你們一個星期內必須想辦法解決。」

於是，一個星期之後，看門人被解雇了。

許多企業經常有不因事設人而因人設事的傾向，造成企業機構臃腫、層次重疊、人浮於事、效率低下，其主要表現在：

（一）機構設置過多，分工過細。

（二）人員過多，嚴重超出實際需要。

這種狀況使企業難以擺脫多頭管理、辦事環節多、手續繁雜的困境，難以隨市場需要隨時調整經營計畫和策略，進而使企業難以培養真正的競爭力。

再來看一個「十羊九牧」的故事：

「十羊九牧」出自《隋書・楊尚希傳》：「當今郡縣，倍多於古，或地無百里，數縣並置；或戶不滿千，二郡分領。具僚以眾，資費日多；吏卒人倍，租調歲減；清幹良才，百分無一……所謂民少官多，十羊九牧。」

一則統計資料記載：一個官吏，漢代管理七千九百四十五人，唐代管理三千九百二十七人，元代管理兩千六百一十三人，清代管理九百一十一人。這些統計數字的可靠性也許值得研究，但是官冗之患確實日見其甚。

科西納定律告訴我們：想要剷除「十羊九牧」的現象，必須精兵簡政，尋找最佳的人員規模與組織規模。這樣一來，才可以建構高效精幹、成本合理的經營管理團隊。

精兵簡政，為組織「瘦身」

科西納定律的現象告訴我們：只有縮減不必要的管理人員，才可以減少工作時間和工作成本。只有精簡，才可以達到這個目的。

如何精兵簡政？湯姆·彼得斯在一本書中提到「五人規則」，指的是營業額在十億美元的企業配備五個管理人員就可以。對此，他舉出總部設在瑞士蘇黎世的國際電氣工程（ＡＢＢ）公司的例子加以說明：

ＡＢＢ公司是生產發電機和機車以及防治公害設備的具有世界水準的重型機電設備企業，年銷售額為三百億美元。一九八八年，瑞典的阿塞亞公司和瑞士的布朗·保彼公司合併，公司總裁帕西·巴奈維克將總部原有的一千多人縮減到一百五十人，而且他們幾乎都是負責生產一線的管理人員，經常由總部承擔的職能，例如：財務、人事、戰略規劃下放給基層，由分布在不同國家和地區的業務部門自行完成。

這家公司還有一個引人注目的地方：擁有五千個「利潤中心」，每個中心有五十個員工。各個中心擁有各自的損益計算表、資產負債平衡表，與客戶保持直接的業務聯繫。這種利潤中心的最大優勢是具有獨立性，可以擺脫各種制約，最大限度地接近市場，為客戶提供全面的服務，是一種最可以代表顧客需要的企業組織形式。此外，它還有很多優點，例如：決策迅速、便於內部交流、對經營資源的分配有效率。

剷除官僚主義，面對市場變化進行快速反應和決策，對提高員工的工作熱情很有幫助。當然，在改革之初，都會伴隨著某種陣痛。例如：ＡＢＢ公司在將總部上千名員工派往各業務部，由於人員調動不可避免地涉及遷居等實際問題，也確實產生某種不穩定和震盪。

建立精幹的總部還有利於培養員工的創新意識。大幅度放寬許可權以後，促進員工創新素質和能力的提高，打破過去那種逐級晉升的垂直移動，取而代之的是以水平調動的方式來磨練員工的創新精神。

這樣一來，ＡＢＢ公司作為一家大型企業，更可以適應未來世界市場的變化。美國通用汽車公司（ＧＭ）前任總裁約翰・史密斯說，通用汽車在歐洲的事業取得成功，正是因為他改變以往的做法，採取類似ＡＢＢ公司精兵簡政的策略。

科西納定律告誡我們：確定責任人的最佳人數，對組織「瘦身」計畫的實施和提高企業效率至關重要。

確定責任人最佳人數，加強員工責任感

科西納定律說明一個現象：雞多不下蛋，龍多不下雨，人多瞎搗亂。要避免這個現象，必須確定責任人的最佳人數，同時加強責任人的責任感。

責任人的數量與責任人的責任感或負責程度有什麼內在的聯繫？我們先來看一個「拉繩實驗」。

實驗中，被試者被分成二人組、三人組、八人組，各組用盡全力拉繩；然後，這些被試者單獨用盡全力拉繩。不管是分組拉繩還是單獨拉繩，都用靈敏度很高的測力器分別測量各組和每個被試者的拉力，並且進行比較。

測量和比較的結果是，二人組的拉力只是這兩人單獨拉繩時拉力總和的九五%，三人組的拉力只是這三人單獨拉繩時拉力總和的八五%，八人組的拉力則降到這八個人單獨拉繩時拉力總和的四九%。

拉繩實驗中出現「一＋一小於二」的情況說明：有人偷懶！而且在一起工作的人越多，偷懶的現象越嚴重！眾所周知，人有與生俱來的惰性，單槍匹馬地獨立工作，做得好或做得差均由自己負責，一般都會竭盡全力。可是集體一起工作的時候，由於責任分解到每個人的身上，每個人的責任相對變小，就會出現偷懶現象。責任分解到越多人身上，每個人的責任越小，偷懶現象越嚴重。社會心理學家研究認為，這是集體工作時存在的一個普遍現象，並且將其概括為「社會浪費」。

聰明的美國人把簡單的道理總結為：一個人敷衍了事，兩個人互相推諉，三個人永無成事之日。人與人的合作不是人力的簡單相加，而是要複雜和微妙得多。在人與人的合作中，假定每個人的能力都為一，十個人的合作結果有時候比十大得多，有時候甚至比一還要小。因為人不是靜止的物，而更像方向不同的能量，相互推動時自然事半功倍，相互抵觸時則一事無成。

「拉繩」實驗說明：在主客觀條件基本相同的情況下，為完成某項任務，被落實責任的人數量越少，責任越容易真正落實，責任人付出的力量越大，形成的合力就會越大；反之，被落實責任的人數量越多，責任越不容易真正落實，責任人付出的力量越小，形成的合力就會越小。簡單地說，在主客觀條件基本相同的情況下，人越多越不負責，責任人的數量與負責程度和形成的合力成反比。

作為一個領導者，必須克服人多不負責的現象，建立和完善各種科學而嚴格的責任制。當然，這不是否認「人多力量大」的存在，不是主張所有工作只能由一個人負責，也不是主張所有工作的責任人越少越好，而是要以實際情況為出發點，確定責任人的最佳人數。

·帕·金·森·定·律·

在一個公司和組織中，只有每個部門都真正達到人員的最佳數量，才可以最大限度地減少無用的工作時間，降低工作成本，進而達到效率和利益的最大化。

一第九章一

適才適所法則：將適合的人放在適合的位置上

適才適所是指辦事能力與所安排的工作位置或場所相當。適才適所法則是指領導者要按照組織管理的要求、職位的職能和員工的素質特長，合理地「用兵點將」，根據員工的不同情況，給他們安排最適合的工作，既不會浪費人才，又可以使員工得心應手地進行工作。簡單地說，就是將適合的人放在適合的位置上。

發揮人的長處，中和人的短處

人有所長，也有所短。在比較長與短的時候，應更多地看到人的長處，而不能更多地看到人的短處，特別是不能過分地誇大人的短處。如果一個人的短處成為他的主要方面，這個人就失去存在的價值。他之所以沒有被消滅，就說明他的長足可以補償他的短，他的功足可以補償他的過，並且對社會還有益處。

對於領導者來說，用人的決策，不是在於如何減少人的缺點，而是在於如何發揮人的長處。這就是說，要擇人之長而用。世界上沒有絕對的好人，或完全的人，只能找到適合某個工作需要的人。因此，只能說他做得最好的是什麼，不能說他做得最不好的是什麼。因此，作為一個領導者，其基本天職，就是想人之長，說人之長，用人之長。

如果所用的人沒有缺點，其結果只會是平庸之輩。做大事而惜身，見小利而忘義，更談不上有所大為。這種人只是謹小慎微、小心奉上之人，其胸中並無雄才大略，更談不上為大略而獻身。現實告訴我們，才能越高的人，其缺點越明顯。

如果抓住員工的缺點不放，證明他本身就是一位弱者，因為他怕別人之長威脅他的安全。事實不存在下級之長會威脅上級的安全。因為下級之長會使事業發展，這個功勞會記在領導者名下而被重用；下級之短會使事業受損而使領導者受到免職的危險。

用人的目的，在於辦事，而不是投自己之所好。人的最特殊的天才，就是盡其所能在一個領域內達到頂峰，但不可能在許多領域都可以達到頂峰。

在一個領域內，他可能成為一個有權威的部門專家，但不能在許多部門都成為專家。沒有萬能之才，只有一技之長的專才，忽視人的這種卓越性，求其萬能，就不是真正的領導者。應該知道，人的一些缺點幾乎是不能改變的。

領導者的用人之道，在於發揮人的長處，中和人的短處，使之變得無害。要用一個人的兩隻手，就要將整個人請到團隊中。

用人的原則，可以總結為下列幾項：

第一，職務的內容應該適合普通人的能力，不能做出只有上帝才可以做得到的要求。

第二，職務的內容應該可以刺激個人能力，即適當地高於他的能力，對他的能力形成挑戰。

第三，平時就要考慮某個人可以做什麼。

第四，要發揚人的長處，就要容人的短處。

三個臭皮匠，勝過一個諸葛亮。如果相互牽制，三個還不如一個好，因為一個人可以發揮自己之專長。如果制定一個折衷方案，結果不是用人之所長，反而會降低整個隊伍的工作效率。

善用人才，「劣馬」變成「千里馬」

人各有所長，能善用其所長以處事，必可收事半而功倍之效。成功的領導者用人的重要原則之一就是適才適所，把適當的人放在適當的位置上，團隊就會有序高效地運轉，釋放出最大的效能。

一個善於用人、善於安排工作的領導者，在管理上會少出許多麻煩。他對於每個員工的特長都瞭解得很清楚，也盡力做到把他們安排在最適當的位置上。但那些不善於管理的人竟然往往忽視這個重要的方面，總是考慮管理上一些雞毛蒜皮的小事，這樣的人當然要失敗。

很多精明能幹的領導者在辦公室的時間很少，經常在外旅行或應酬客戶。但是他們公司的營業絲毫未受不利的影響，公司的業務仍然像時鐘的發條機制一樣有條不紊地進行著。他們如何能做到這樣省心？他們有什麼管理秘訣？沒有別的秘訣，只有一條：他們善於把適當的工作分配給最適當的人。

金無足赤，人無完人，任何人有其長處，也必有其短處。人之長處固然值得發揚，從人之短處中挖掘

帕金森定律

出長處，由善用人之長發展到善用人之短，這是用人藝術的精華之所在。在用人問題上不能機械從事，要根據具體情況靈活使用人的長和短，要根據工作需要和被用人才的素質，將每個人的才能發揮到最大值。

一個善於用人的領導者，首先在於他可以根據每個人的才能和長處，把他們放在最可以發揮其長處的職位上，並著意為他們提供可以發揮才能的各種條件。

其次他善於取長補短，把各種不同類型的專才或偏才組織成互補結構。任何人才，只有在團體中各顯其長，互補其短，才可以充分地發揮其作用。在人才類型中，有些高瞻遠矚、多謀善斷、具有組織和領導才能，稱為指揮人才；有些善解人意、忠誠積極、埋頭苦幹、任勞任怨，稱為執行人才；有些公道正派、鐵面無私、熟悉業務、聯繫群眾，稱為監督人才；有些思想活躍、知識廣博、綜合分析力強、敢於堅持真理，稱為參謀人才。這些人，如果一個個孤立起來看，幾乎都是「偏才」，但是經過合理組合，各展所長，就成為「全才」。

由此可見，合理使用人才，可以使「劣馬」變成「千里馬」；反之，可能使「千里馬」變成「劣馬」。高明的領導者不僅善於用人之長，而且可以容人之短；不僅能容人之短，而且能化短為長，使各類人才創業有機會，做事有舞台，發展有空間。

領導者的首要任務，就是選用適合的人，做適合的事。團隊是否可以高效運轉，管理工作是否可以圓滿完成，關鍵因素就在於人。

優化組合，建立精幹的團隊

人無完人，各有所長，各有所短，只有透過優化組合，將團隊中每個人的特長發揮到極致，才可以人盡其才，物盡其用，進而獲得完美共生。

李嘉誠說過：「大多數人都會有長處和短處，好像大象的食量以斗計，螞蟻一小勺就足夠。各盡所能，各取所需，以量材而用為原則；又像一部機器，假如主要的零件需要五百匹馬力去發動，雖然半匹馬力與五百匹相比小得多，但是也可以發揮其一部分的作用。」

有人曾經說，在李嘉誠龐大的商業王國中，只要是人才，就可以在企業中有用武之地。是的，李嘉誠及其委任的中層主管都明白這個道理。李嘉誠說，就像在戰場，每個戰鬥單位都有其作用，而主帥對每一種武器的操作未必比士兵純熟，但最重要的是首領卻非常清楚每種武器及每個部隊所能發揮的作用——統帥只有明白整個局面，才可以做出出色的統籌並指揮下屬，使他們充分發揮自身的長處以及取得最好的效果。

在集團內部，李嘉誠徹底摒棄家族式管理方式，完全按照現代企業管理模式進行運作。除此之外，他還精於搭建科學高效、結構合理的企業領導階層隊伍。李嘉誠深知，企業發展在不同階段有不同的管理和人才需求，只有適應這樣的需要，企業才可以突飛猛進，否則企業就要被淘汰出局。

在李嘉誠組建的公司高層領導階層裡，各方面人才都十分齊全。有人曾如此評論：「這個領導階層既結合老、中、青的優點，又兼備中西方的色彩，是一個行之有效的合作模式。」

當然，用人所長，不是對人的短處視而不見，更不是任其發展，而是應該做具體分析、具體對待。有些人的短處不能直接定義為缺點，因為它是和某些長處相伴相生的，它是長處的一個側面。

這類「短處」不能簡單地用「減去」消除，只能暫時避開，關鍵在於怎麼用它。用得得當，「短」亦即長。俄國作家克雷洛夫有一段寓言說，某人要刮鬍子，卻害怕剃刀太鋒利，就去搜集一批鈍剃刀，結果卻什麼都解決不了。

在一個人的身上，其才能有長也有短，用人就要用其長而不責其短。對待偏才，更應該捨棄他的不足之處而用他的長處。一位優秀的領導者如果可以趨利避害，用人之長，避人之短，企業就會興旺發達，無往而不利。

一個工程師在開發新產品上也許會卓有成就，但是不一定適合當推銷員；反之，一個成功的推銷員在產品促銷上可能很有辦法，但是對於如何開發新產品可能會一籌莫展。如果領導者識人不清，讓這位工程師去負責推銷，讓推銷員去負責產品開發，結果可想而知。所以，領導者如果在決定雇用一個人之前就可以詳細地瞭解此人的專長，並確認這個專長確實是公司所需，用錯人的悲劇也就可以避免。

將適當的人放在適當的位置上

企業是由人組成的生命體，企業的生命在於活力，企業活力的源頭是人。企業根據規模和發展需要決定用人數量。企業裡每個人的知識、技能、性格、特點不盡相同。實踐告訴我們，經營管理好的企業，對員工的能力和性格瞭若指掌，做到適才適所，人的潛能得到充分發揮，價值得以實現，企業活力迸發。一些經營管理不好的企業，往往用人不當，或大材小用不能充分發揮人的潛能，或小材大用，讓不會幹事、不想幹事的人身居要職，貽誤戰機和事業發展。

世界「經營之神」松下幸之助提出，企業運用人才的原則主要是適合，小材大用，大材小用，都不是理想的用人準則，只有適才專用，才可以使人的作用發揮到極致。松下電器總是按照生產經營管理的要求和員工的素質特長，合理地「用兵點將」，根據員工的不同情況，給他們安排最適合的工作，進而既不會埋沒、浪費人才，又可以使員工得心應手地進行工作。一九一八年，松下剛開始創業的時候，公司的規模很小，到松下店裡來工作的人，學歷都很低，但是他們必須是熱情肯幹的人。十年以後，松下做得比較大了，開始網羅學歷高的人才，否則員工不適合工作需求。松下規定，各部門和事業部必須以尋求適合經營管理狀態的人才為原則，知識、技能必須勝任，前提條件是熱情、積極、主動，不具備這個素質的人，學歷再高、技術再強也不用。

適才適所法則的實施，需要建立和完善激勵機制。激勵包括物質激勵和成長激勵。成長激勵的關鍵是把握員工的成長發展需求，把這種需要引導成為他內在的驅動力量，並激發這種力量釋放到企業發展所需要的本職工作上，讓平凡的人做出不平凡的業績，讓企業與員工共發展、共成長。

適才適所法則實施的前提是領導者必須對企業員工的能力和性格瞭若指掌，做到適才適所，使其內在的潛力得到充分的發揮。在企業，人才與職位的能級對應不是動態的，隨著社會經濟和科技的發展而發展，隨著企業生產的發展而發展，人的才能和精力隨著年齡的增長和所受教育、鍛鍊的累積而演變。領導者必須按照內外情況的不斷變化做出相應調整和更換，以實現能級的動態對應。企業人才的專長和素質各異，同樣類型的職位內部還有高、中、低等不同等級的要求。同類專長和素質的人才，其能力又有大小、強弱之區別。

因此，使用人才不僅要注意職位和人才的不同質的方面，還要注意其量的方面，要選擇相應能量的人去承擔，這樣可以使各種人才的效能得到充分發揮，也可以使整體工作獲得最佳效益。

一第十章一

奧格威法則：任用強人，讓自己更強

美國奧格威・馬瑟公司前總裁奧格威指出：如果領導者永遠都只啟用比自己程度低的人，我們的公司將會淪為侏儒公司；如果我們都有膽量和氣度任用比自己更強的人，我們就可以成為巨人公司。這被管理學界人士稱為奧格威法則。

奧格威法則說明：如果你所用的人都比你差，他們就只能做出比你更差的事情。一流的人才，才可以造就一流的公司，領導者要敢於任用能力比自己強的人才，事業才可以做大做強。

·帕·金·森·定·律·

公司要強大，人才就要強大

現在什麼最貴？人才！在競爭如此激烈的時代，一個公司想要立足於世界經濟之林，要依靠什麼？就是人才。有了人才，什麼都會有。沒有人才，什麼都沒有。

美國的鋼鐵之父卡內基是一位傑出的領導者，他曾經說：「即使將我所有工廠、設備、市場和資金全部奪去，但是只要保留我的技術人員和組織人員，四年之後，我將仍然是『鋼鐵大王』。」這就說明人才的重要性。卡內基之所以能成為鋼鐵大王，與他知人善任、重視人才是分不開的。他本人對於冶金技術一竅不通，但是他總能找到精通冶金工業技術、擅長發明創造的人才為他服務。例如：世界知名的煉鋼工程專家之一比利·瓊斯，終日位於匹茲堡的卡內基鋼鐵公司埋頭苦幹。

卡內基雖然已經去世多年，但是他的碑文卻留給世人永恆的回憶。在卡內基的墓碑上赫然地刻著：「一位知道選用比他本人能力更強的人來為他工作的人安息於此。」對於這樣的評價，卡內基可謂是實至名歸。

所以，一個公司想要發展壯大，就要雇傭盡可能多的人才。一個領導者想要高效地進行工作，快速地實現企業和組織目標，就要敢於任用那些能力突出的人才。

·帕·金·森·定·律·

不必什麼都懂，但是要懂得用人

人才是一種動力，是企業、公司不斷向前發展的動力。動力的馬力有多大，企業、公司就會跑得多快。

像《三國演義》中的劉備就深知其理。他「桃園三結義」得到關羽、張飛，以義理感動趙雲，「三顧茅廬」請出諸葛亮。他名下本無一寸土地，但是因為有這些將帥之才而終於雄霸一方。當時財大氣粗、兵多將廣的袁紹因為不識人才的重要性，最終不僅敗光領地，連性命也輸掉，這就是識才與不識才的區別。一個知人善任的領導者，即使起初一無所有，只要他有人才，就會很快創造出奇蹟。

好的產品、好的硬體設施、雄厚的財力，自然是一個公司不可或缺的資源，但真正支撐這個公司的支柱還是人才。因為一個公司只有財、物，不能帶來任何新的變化，只有具有大批的優秀人才才會有發展的潛力，因此人才是一個公司最重要、最根本的資源。想要使公司充滿生機和活力，就要選賢任能，雇請一流人才，敢於用比自己能力強的人。

一流的人才，才可以造就一流的公司。懂得這個道理的領導者，才會是一個好的領導者。領導者不必什麼都懂，但是要懂得用人，有包容人才的胸襟，事業才可以做大做強。

正如奧格威法則所說的：如果領導者只啟用比自己程度低的人，公司將會淪為侏儒公司；如果領導者有膽量任用比自己更強的人，公司就可以成為巨人公司。

拋棄嫉賢妒能心理，大膽任用強人

成功的領導者都有一種特長，就是善於借用人才，並可以用比自己更強的人才，激發更大的力量。這是成功者最重要的、最寶貴的優點。

任何人如果想成為一個企業的領袖，或是在某項事業上獲得巨大的成功，首要的條件是要有一種鑑別人才的眼光，可以識別出別人的優點，並且在自己的事業道路上利用他們的這些優點。

如果你所挑選的人才與你的才能相當，你就好像用了兩個人一樣。如果你挑選的人才儘管職位在你之下，才能卻超過你，你用人的技巧可以算是高人一等。

在知識經濟時代，領導者更需要有敢於和善於使用強者的膽量和能力。在企業內部激勵、重用比自己更優秀的人才，就可以讓企業變得越來越有活力，越來越有競爭力。

在現實生活中，我們常看到這樣的現象：有些領導者把別人的進步當成是對自己的威脅，對能力和學識超過自己的同事百般詆毀，說得一無是處。有些部門經理十分害怕優秀的人加入自己的團隊，甚至害怕優秀的人被招攬到同一職能的其他團隊，實在難不住時就孤立、不合作，直到把後者排擠到別的部門，以除後患。但是，只用比自己能力低的人並保持這樣狀態的公司還可以進步嗎？還有什麼機會建設自己的領導力？這種狹隘的做法既損害公司的利益，也損害自己的長遠利益。

作為一個團隊領導者，想要做到善用比自己強的人，就要克服嫉賢妒能的心理。有些領導者不用比自己強的人，除了怕這些人難以駕馭，甚至會搶了自己的飯碗之外，主要還是嫉賢妒能的心理在作怪。總以為自己是領導者，各方面應該比別人高上一籌。因此，遇到比自己能力強的員工的時候，就會萌生妒意，採取許多方法壓制他們。

對於團隊領導者來說，嫉賢妒能無異於是自掘墳墓。唐代文學家韓愈曾經在他的傳世名篇《師說》中講道：「師不必賢於弟子，弟子不必不如師。聞道有先後，術業有專攻。」這個道理同樣適合於團隊中領導者和員工之間，你不必樣樣都要比你的員工強，你要做的就是要用好這些比你強的人。

敢用強人，成就大業

一個好的領導者，要有專業的管理知識，要有良好的文化素養，但更要有廣闊的胸襟和用人的智慧。敢於用比自己能力強的人，才可以讓自己的團隊越來越強，事業越做越大。

西漢的開國皇帝劉邦出身於市井混混，正如他自己所言：「運籌帷幄之中，決勝千里之外，吾不如子房。鎮國家，撫百姓，給饋餉而不絕糧道，吾不如蕭何。連百萬之軍，戰必勝，攻必取，吾不如韓信。」但就是這個「不才之人」卻打敗楚霸王項羽，統一天下，開創千秋霸業。他之所以能有如此成就，也如他所言：「此三人者皆人傑也，吾能用之，此吾所以取天下也。」劉邦的角色是一個領導者，對他最大的要求就是要善於用人，把各種人才放在他們適合的位置上，更重要的是要懂得欣賞人才、不妒才，敢於用比自己能力強的人。從這個方面來說，劉邦是一個很好的領導者，他之所以能得天下，也正是由於他能駕馭能人為其所用；他的對手項羽，雖然有萬夫不當之勇、地動山搖之慨，但是因為心胸狹窄，容不得比自己強的人，無顏見江東父老。

一個人可以成為一個領導者，可以做出一番事業，不是在於你自身的能力有多強，而是在於你是否可以吸引和接受比自己強的人為自己工作。

所謂奧格威法則，其核心講的就是要知人善用。知人善用有兩層意思：一是要知道這個人的專長，然後把他放在適合的位置讓他發光放亮，盡顯專長；另一層意思是知道某人的某些能力比自己強，敢於讓他擔當重任，信任他，不妒才。

也就是說，作為一個領導者，最重要的不是各種技能，而是胸懷！善於選擇人、任用人來補齊自己的短處，形成一個團體。即使一個才智出眾的人，也無法勝任所有的事情，只有知人善任的領導者，才可以完成超過自己能力的偉大事業。在當今這個知識經濟的時代，領導者更需要有敢於和善於使用比自己強的人的膽量和能力。只有這樣，事業才會蒸蒸日上。

一第十一章一

史提爾定律：合作是團隊繁榮的根本

史提爾定律源自英國前自由黨領袖史提爾的一句話：「合作是團隊繁榮的根本。」

一個人的力量是有限的，史提爾定律告訴我們，只有團結合作，才可以擁有勝利的果實。領導者要善於凝聚具有不同特質的人才，引導他們朝著同一個方向以同樣的速度前進，為團隊的共同目標而團結奮戰。

同心山成玉，協力土變金

在遠古的時候，上帝創造人類。隨著人類的增加，上帝開始擔憂，他害怕人類不團結會造成世界大亂，進而影響他們穩定的生活。

為了檢驗人類之間是否具備團結合作的意識，上帝進行一個試驗：他把人類分為兩批，在他們的面前放了許多美味的食物，然後給他們一雙很細很長的筷子，要求他們在規定時間內，把這些食物全部吃完，而且不可以有任何浪費。

比賽開始了，第一批人各自為政，拚命用筷子夾取食物往自己的嘴裡送，但是因為筷子太長，總是無法送到嘴裡，而且因為你爭我搶，造成食物浪費。

上帝搖搖頭，為此感到失望。

輪到第二批人，他們沒有用筷子往自己的嘴裡送食物，而是圍坐成一個圓圈，一個人先用筷子夾取食物送進坐在自己對面的人嘴裡，然後坐在自己對面的人用筷子夾取食物送進他的嘴裡。

就這樣，每個人都在規定時間內吃到食物，而且沒有任何浪費。第二批人不僅享受美食，也獲得更多信任和好感。

上帝看了，點點頭。

於是，上帝在第一批人的背後貼上五個字，叫做「利己不利人」；在第二批人的背後貼上五個字，叫做「利人又利己」。

從上述故事中，我們可以看出：團隊合作可以激發不可思議的潛力，也就是「同心山成玉，協力土變金。」

一個團體，如果組織渙散、人心浮動，每個人各行其是，何來生機與活力？只有嚴密的團體組織和高效的團隊合作，才可以克服困難，甚至創造奇蹟。

分工合作，調動員工積極性

分工與合作就像鳥之雙翼，一個企業可以不斷發展和壯大，與分工合作體系有密切關係。一個企業追求的是不斷成長，同時也會考慮長遠。

很久以前，在一座山上有一座寺廟。有一天，住持方丈派兩個小和尚分別去管理山下兩座已經廢棄的寺廟。

第一個小和尚生性敦厚，待人熱情，總是笑臉相迎，所以來客眾多，但是他不管其他事情，沒有認真管理帳務，依然入不敷出，寺廟看起來非常破爛，時間久了，逐漸沒有人來。第二個小和尚雖然善於管理帳務，也注重寺廟的整潔，但是整天板著臉，過於嚴肅，來客越來越少，最後香火斷絕。

某日，住持方丈來到山下檢查各自情況，發現這個問題。他思考片刻以後，決定將他們放在同一個廟裡，第一個小和尚負責公關，笑迎八方客，第二個小和尚鐵面無私，讓他管理財務，嚴格把關。最後，在他們的分工合作中，寺廟欣欣向榮，香火十分旺盛。

從這個故事中，我們可以看出：寺廟的香火旺盛，與兩個小和尚分工合作有密切關係，可見分工合作的重要性。

對於一個企業來說，分工明確，使員工知道自己的工作內容，可以調動員工的積極性，也可以鍛鍊員工的獨立能力。

分工與合作協調一致，可以減少工作中的瓶頸因素。部門之間分工有序，部門主管之間緊密聯繫，與公司的良好分工合作有密切關係。

培養員工團隊意識，強化團隊執行力

團隊的概念，最早是由富豪公司和豐田公司引入生產過程，當時可以算得上是新聞熱點而轟動一時。團隊的產生，是為了完成需要許多技能和經驗的工作，這些工作是一個人或是一群沒有組織的人無法完成的。

想要組建一支有戰鬥力的團隊，只有優秀人才和工作計畫是不夠的，最重要的是：需要一種無形的力量——團隊意識。團隊是否可以在任何條件下，反應迅速地完成各種工作，取決於團隊成員是否具有團隊意識。也就是說，他們是否可以把自己融入團隊中，在團隊協同工作的時候將團隊利益放在首位，是否可以在做好本職工作的同時，將有效配合放在重要位置。

團隊意識，是團隊分工合作中非常重要的一部分，是團隊執行力的保障。如果一個團隊有優秀人才和工作計畫，但是團隊成員缺乏團隊意識，再簡單的團隊合作也很難完成。

要培養團隊成員的團隊意識，團隊的領導者是關鍵。首先，團隊成員的追求目標要一致，這是團隊的方向和推動力，讓團隊成員願意為實現這個目標貢獻力量。其次，團隊成員要敢於承擔責任，清楚地知道有些責任是團隊成員共同承擔。領導者要在工作中讓團隊成員明白：「團隊成功就是個人成功，團隊失敗就是個人失敗。每個人都是團隊的一份子，承擔不可推卸的責任，每個工作都會影響團隊工作是否可以按照已經決定的方向進行。」

消除不和諧因素，建設高效率團隊

團隊，作為一種先進的組織形態，越來越引起企業的重視，許多企業已經從理念和方法等管理層面進行團隊建設。但是，有些情況出現在團隊建設中，發出隱秘的危險信號，如果不加以重視，就會使團隊建設前功盡棄。

領導者必須從以下三個方面努力建設團隊：

提防精神離職

精神離職是團隊普遍存在的問題，其特徵為：對本職工作不夠深入；不願意合作，行動非常遲緩；工作期間無所事事。精神離職產生的原因，經常是個人目標不符合團隊遠景，也有工作壓力和情緒等方面的原因。

避免出現超級業務員

個體差異，導致超級業務員的出現，其特徵為：個人能力強大，可以獨當一面，經常以驚人業績領先於其他成員；組織紀律散漫，好大喜功，目空一切，經常將自己定位於功臣之列。超級業務員的工作能力是任何團隊都需要的，但是領導者必須對超級業務員進行控制，避免其瓦解團隊。

瓦解團隊中的非正式組織

非正式組織可以進行日常工作，提高團隊精神，調和人際關係，實行假想的人性化管理。在團隊發展的過程中，基本上有利於團隊發展，但是長期而言，卻會削弱正式組織的影響力，降低管理的有效性，導致工作效率低下，優秀人才流失。領導者必須瓦解團隊中的非正式組織，讓所有員工融入企業工作中。

—第十二章—

磨合效應：完整的契合＝完美的配合

在群體心理學中，人們把群體相互之間經過一段時間磨合而產生協調契合的現象，稱為磨合效應，也稱為耦合效應、互動效應、聯動效應。這個效應來自：機器透過一定時期的使用，把表面上的加工痕跡磨光而變得更密合的現象。

磨合效應啟示我們：想要達到完整的契合，雙方必須做出取捨。領導者要善於調節部門與部門之間、員工和員工之間的衝突，消除誤會，解決分歧，宣導合理競爭，實現組織目標。

協調個性，合理搭配

在用人過程中，領導者要注意員工的個性，安排適合的工作，使組織成為一個不可分散的整體。

以一個組織來說，上下級之間和成員之間經常產生衝突。協調和排解這些衝突，就是領導者的重要工作。

這些衝突的產生，主要是因為領導者在用人方面出現偏差。在一個組織中，領導者與下屬不是一對一的關係，而是一對多的關係。這樣一來，就要求領導者重視個人和整體，做到用人協調。

所謂用人協調，就是要合理用人，使企業保持一種科學而合理的結構，各種人才比例適當，相得益彰，實現相互補充，取長補短。

用人協調，要從以下幾點入手：一是注意年齡結構，二是注意志趣相投，三是注意健全制度。

例如：老年人深謀遠慮、經驗豐富，但是思想保守；中年人思想開闊、成熟老練，但是不具創新；青年人思想解放、敢想敢做，但是缺少經驗。如果可以將這些人合理搭配，就可以充分發揮他們的優勢，獲得理想的效果。

這裡說的合理搭配，不是要求平均主義。整體而言，比較合理的方式是：以中年人為主，兼用老年人的豐富經驗和青年人的創新精神。實踐證明，這種結構的抗壓性比較強，也可以保持工作的穩定性。

領導者用人的時候，如果感情用事，無法解決員工之間的衝突。建立一套健全的用人制度，是實現協調用人和優化結構的保證。

有策略地化解衝突

領導者的任務之一，就是解決組織中的衝突。解決衝突的過程，就是建立威信的過程。領導者的思想程度、個性品格、領導藝術，就是表現在這裡。

把隔閡消滅在萌芽狀態

上下級交往，貴在心理相容。彼此之間有距離，內心不平衡，積怨日深，就會產生衝突。把隔閡消滅在萌芽狀態不困難，方法如下：見面先開口，主動打招呼；根據具體情況，做出解釋；對方有困難的時候，主動提供幫助；多與對方接觸，不要竭力躲避；戰勝「自尊」，消除彆扭感。

允許下屬盡情發洩

領導者工作失誤或是照顧不周，下屬就會感到委屈和壓抑，無法容忍的時候，就會發洩心中的怨氣，甚至指責和攻擊領導者。面對這種局面，領導者可以這樣想：

（一）他來找我，表示他信任我。

（二）他已經非常痛苦，壓制他的怒火無濟於事，只會激化衝突。

（三）我的任務是讓下屬工作愉快，如果發洩可以讓他感到舒暢，就讓他盡情發洩。

（四）即使他說的話很難聽，也要耐著性子聽完，這是一個瞭解他的機會。

主動承擔失誤責任

領導者決策失誤在所難免，因為決策失誤而無法完成工作，就要提高警覺。面對忐忑不安的下屬，領導者主動承擔責任，可以緩和緊張的氣氛。如果是下屬犯錯，領導者化批評指責為主動承擔，會讓下屬產生信任和感激。

得饒人處且饒人

對於下屬，領導者應該做到：排除感情上的障礙，自然而真誠地幫助和關懷；不要表現出勉強的態度，這樣會使下屬感到難堪。得饒人處且饒人，忘記不愉快的事情，才可以幫助更多下屬。

·帕·金·森·定·律·

發現下屬的優勢和潛力

對下屬百般挑剔，是導致上下級關係緊張的重要原因。領導者發現下屬的優勢和潛力，肯定下屬的成績和價值，就可以消除許多衝突。

排除自己的嫉妒心理

下屬才能出眾，氣勢壓人，經常提出高明計策，領導者如果排斥下屬，可能會兩敗俱傷。此時，領導者只有戰勝自己的嫉妒心理，任由下屬發揮才能，才可以化解衝突，並且留下舉賢任能的美名。

必要的時候，可以採取反擊

對於不知進退的下屬，領導者必須予以嚴厲反擊。和藹不等於軟弱，容忍不等於怯懦。作為一個領導者，必須精通人際制勝的策略。強者動怒與弱者動怒的區別，只是在於：如何理智地運用。

戰勝自己的剛愎自用

出於習慣和自尊，領導者堅持自己的意見，執行自己的意志，指揮別人按照自己的意願做事。領導者強迫下屬絕對服從，就會產生許多衝突。想要戰勝自己的剛愎自用，可以用以下心理調節術：

（一）轉移視線、轉移話題、轉移場合，讓自己平靜下來。
（二）尋找許多解決問題的方法，分析利弊，讓下屬選擇。
（三）多方徵求意見，加以折衷。
（四）假設許多理由和藉口，否定自己。

打造一個謙遜禮讓的團隊

任何一個組織或團體，在長時間的對內對外關係中，必然會產生誤解和衝突。

作為一個領導者，是否可以充分學會運用協調與溝通技巧，消除誤解和衝突，已經成為衡量其領導成功與否的重要標準之一。

有些人估計，領導者要花費二〇%的時間來解決各種衝突，但是這不能證明領導上的無能或失敗。在人際關係中，衝突是無法迴避的，必須予以適當地處理，才可以形成「人和」的氣氛。

這樣一來，就要領導者運用調停糾紛和解決衝突的技巧，協調各方在認識上的分歧和利益上的衝突。如何處理糾紛、衝突、分歧？沒有現成的公式可循，但是領導者是否可以成功解決衝突，主要取決於三個因素：

一是領導者判斷和理解衝突產生原因的能力。

二是領導者控制對待衝突的情緒和態度的能力。

三是領導者選擇適當的行為方式來解決衝突的能力。

一般而言，解決衝突的方式，可以採取「彼此謙讓」的方式。「彼此謙讓」的方式，就是使爭執雙方各自退讓一步，達成彼此可以接受的協定，這是調停糾紛和解決衝突最常見的方式。這種解決方式，關鍵在於找到協調雙方的適度點。無論調停糾紛還是解決衝突，要使雙方團結起來共同行動，就不能偏袒一方或是壓制一方，應該運用「彼此謙讓」的方式。

帕金森定律

打破所有隔閡，化阻力為助力

行政機構和企業組織就像人類的機體，必須血脈暢通，才可以有效營運。然而在其營運過程中，經常會產生一些隔閡，使行政機構和企業組織的效率降低。其中最常見的隔閡有三種：上下級之間的隔閡、部門之間的隔閡、部門內部的隔閡。這是行政機構和企業組織營運的關鍵問題。

上下級之間的隔閡，是行政機構和企業組織最常見的問題，究其產生的原因，可以歸結為三點：

目標傳遞不明確。許多主管在分配工作的時候，經常三言兩語「交待完畢」，並且要求下屬「立刻照辦」，導致下屬在沒有完全理解工作目標的情況下，按照自己的理解和想像去做事，其效率必定低下，於是主管指責而下屬委屈，隔閡因此而產生。

主管誤解自己的角色定位。許多主管把自己當作監督者，其主要工作就是監督下屬。這樣一來，主管與下屬之間就會產生隔閡。

主管對下屬的評價和建議過於主觀。許多主管不瞭解真實情況，但是給出主觀指示，並且要求下屬絕對服從，就會讓下屬感到厭惡，隔閡也會逐漸加深。

想要解決上下級之間的隔閡問題，必須對症下藥。首先，主管要讓下屬理解工作目標。主管在分配工作之後，讓下屬講述自己對工作目標的理解，以印證其是否已經正確理解工作目標。其次，主管要正確看待自己和下屬的關係。主管是「教練」而不是「監督者」，其主要工作是：幫助下屬改正錯誤，應用更有效的方法進行工作。再次，在沒有瞭解情況之前，主管必須三緘其口。發現自己的意見偏頗的時候，必須自我否定。

部門之間的隔閡，主要來自對其他部門工作的不瞭解，行政機構和企業組織缺乏合理的溝通交流的平台。實踐證明，工作輪換可以解決這個問題。工作輪換可以使員工感覺到其他部門的辛勞，真正達到「換位思考」，對於促進行政機構和企業組織之間的理解有非常重大的作用。同時，工作輪換對促進部門之間的有效合作也有重大意義。經歷跨部門的工作或是培訓之後，員工對其他部門的工作流程和工作方式會有比較深刻的理解，進而明確其他部門提出的要求，部門之間的合作也會變得更有默契。

部門內部的隔閡，主要來自部門內部無法共用良好經驗，整體效率不高。解決這個問題的最好方法，就是建立一個業績獎勵制度。這個制度會使部門變成利益共同體，防止員工將個人利益凌駕於企業利益和顧客需求之上。

在行政機構和企業組織的營運過程中，經常存在兩種力量：幫助向上的力量，阻止向上的力量。助力是積極、合理、自覺、增加經濟效益的力量，阻力是消極、不合理、不自覺、減少經濟效益的力量。

領導者要隨時關注部門之間的隔閡，配合設身處地的溝通技巧與集思廣益的整合能力，才可以消除隔閡和化解阻力，甚至化阻力為助力，使企業呈現互動或是平衡狀態，形成良性的運轉。

第十三章

搭便車理論：剔除組織中的「南郭先生」

搭便車理論由美國經濟學家曼瑟爾・奧爾森於一九六五年發表的《集體行動的邏輯：公共利益和團體理論》一書中提出，其基本含義是不付成本而坐享他人之利。

成語故事「濫竽充數」的南郭先生，就是搭便車者的祖師爺。南郭先生不會吹竽，卻混進宮廷樂隊。雖然他實際上沒有參加樂隊合奏這個「集體行動」，但是他表演時毫不費力的裝模作樣仍然使他得以分享國王獎賞這個「集體行動」的成果。

「搭便車」現象會打擊組織中其他員工的工作積極性，這種現象存在得越嚴重，對員工工作的積極性打擊越大。領導者要透過實施各種措施，不給那些投機取巧的員工有「搭便車」的機會，消除組織中的「搭便車」現象。

帕金森定律

不勞而獲——小豬等著大豬跑

豬圈裡有兩頭豬，一頭大豬，一頭小豬。豬圈的一邊有個踏板，每踩一下踏板，在遠離踏板的豬圈的另一邊的投食口就會落下少量的食物。如果有一隻豬去踩踏板，另一隻豬就有機會搶先吃到另一邊落下的食物。小豬踩動踏板的時候，大豬會在小豬跑到食槽之前剛好吃光所有的食物；如果是大豬踩動踏板，還有機會在小豬吃完落下的食物之前跑到食槽，爭吃到另一半殘羹。

豬會採取什麼策略？答案是：小豬將選擇「搭便車」策略，也就是舒服地等在食槽邊；大豬為了一點殘羹，不知疲倦地奔忙於踏板和食槽之間。

原因何在？因為，小豬踩踏板將一無所獲，不踩踏板反而能吃上食物。對小豬而言，無論大豬是否踩動踏板，不踩踏板總是好的選擇。反觀大豬，已明知小豬是不會去踩動踏板的，自己親自去踩踏板總比不踩強吧，所以只好親力親為。

上述現象告訴我們，誰先去踩這個踏板，就會造福全體，但是多勞不一定多得。在行政組織和企業中，很多人都只想付出最小的代價，得到最大的回報，爭著做那只坐享其成的「小豬」，於是，有一些人成為不勞而獲的「小豬」，而又另一些人則充當費力不討好的「大豬」。

對於組織或團隊而言，如果每個人都想做「小豬」，卻不想付出勞動，不願承擔義務，最後將導致每個人都無法獲得利益，整個團隊績效低下，工作無法進行。

如果員工互相之間沒有合理良性的競爭關係，很容易因為某個共同點而結成同盟，並且互相影響，一些不良的情緒會被誇大並且在同盟中傳播，在傳播中又會因為互相的傾訴而加深感觸，進而影響到隊伍的和諧和穩定。

長此以往，員工因為精力被分散自然也會影響到工作。領導者假如沒有很好地安撫情緒並解決問題，則這種沒有競爭而產生的合力會將矛頭指向領導者，並最終上升到組織的結構層面。此時情緒爆發的結果可能就是消極對抗導致工作千瘡百孔的混亂局面，隊伍已經名存實亡。

改變規則，不給「小豬」搭便車機會

「小豬等著大豬跑」的現象是由於故事中的遊戲規則所導致的。規則的核心指標是：每次落下的食物數量和踏板與投食口之間的距離。

如果改變核心指標，豬圈裡還會出現同樣的「小豬等著大豬跑」的景象嗎？試試看。

改變方案一：減量方案。投食僅為原來的一半分量。結果是小豬大豬都不去踩踏板。小豬去踩，大豬將會把食物吃完；大豬去踩，小豬也會把食物吃完。誰去踩踏板，就表示為對方貢獻食物，所以誰也不會有踩踏板的動力。

如果目的是想讓豬們去多踩踏板，這個遊戲規則的設計顯然是失敗的。

改變方案二：增量方案。投食為原來的一倍分量。結果是小豬、大豬都會去踩踏板。誰想吃，誰就會去踩踏板。反正對方不會一次把食物吃完。小豬和大豬相當於生活在物質相對豐富的「共產主義」社會，所以競爭意識不會很強。

對於遊戲規則的設計者來說，這個規則的成本相當高（每次提供雙份的食物），而且因為競爭不強烈，想讓豬們去多踩踏板的效果不好。

改變方案三：減量加移位方案。投食僅為原來的一半分量，但同時將投食口移到踏板附近。結果呢，小豬和大豬都在拼命地搶著踩踏板。等待者不得食，而多勞者多得。每次的收穫剛好消費完。

對於遊戲設計者，這是一個最好的方案，成本不高，但是收穫最大。

「搭便車」的根源是一種投機心理，一方面，投機者抱持「就算我不做，總會有別人做」的想法碰運氣；另一方面，在團體行動中，一個人出了多少氣力難以考證，無形中給「搭便車」者提供機會。

但是，搭便車的人多了，整體效率必然降低，甚至會損害集體利益，出現所謂的「搭便車困境」。因此，安排任務的時候不妨針對個人，不給「搭便車」提供機會。就像齊湣王那樣，讓樂師一個個獨奏，習慣「搭便車」的南郭先生只能逃之夭夭。

適度施壓，讓「小豬」們跑起來

一隻獵狗不小心掉進動物園的老虎籠子裡，圍觀的人都以為獵狗死定了。然而，出人意料的事情發生了，人們看到的是威風凜凜的獵狗，步步進逼，不可一世；「凶猛」的老虎退縮不前，流露出恐懼的神情，雄風不再。

獵食是老虎的求生本能。為了在惡劣的環境和激烈的競爭中存活下來，老虎必須不斷提升獵食的技能。因而在人們的印象中，老虎就是凶猛的代名詞。但是，把牠放在動物園，經過長時間的飼養，卻連本來是其爪下物的獵狗，老虎都害怕了。

優越的環境不是適合每個人的，領導者要明白的道理是：人才是「逼」出來的。想要消除團隊中的「搭便車」現象，作為一個領導者，必須運用你掌握的權力，對那些偷懶的員工適當施加壓力，讓他們充分發揮潛能，進而使投機取巧的「小豬」變成努力工作的「大豬」，把每個人塑造成獨當一面的幹將。

創造機會，磨練人才

公司中的下屬一般各司其職，有時候未必是各盡其用。因此，主管要創造一些機會，讓下屬有機會嘗試，從中擇優，才可以達到人才利用效率的最大化。

施加壓力，逼出人才

有些下屬精力充沛，沒有壓力，就會滿足現狀，不思進取，成績平平，時間一長，必會惰性大發，懶散成性，影響整個公司的效率和幹勁。對這樣的下屬，一定要施加壓力，用掉他的過剩精力，一來可以提高公司效率，二來可以滿足下屬個人的成就感。

注意適度施壓

人不是機器，再能幹的人也有一定的生理和心理承受力，如果不斷施壓，就會過猶不及，無法達到提高效率的目的，又要落個「暴君」的惡名，得不償失。

裁減冗餘人員，激發員工主動工作

無論企業組織還是行政組織中，總會存在許多團體。每個團體都代表一部分人的利益，因此不可避免地會產生衝突。

很多人強調團隊精神，例如：一個足球明星總是強調離開隊友他就不會有那麼出色的表現。在實際工作中，團隊的成功或失敗會掩藏單個員工的表現，進而削弱員工的積極性。例如：很多人在一艘船上划船，有人會想，既然我不用承擔自己行為的全部後果，我就少出一點力，本來拼盡全力承受痛苦的員工不能得到全部的好處，他也會少用一點力。這樣一來，就會造成許多划船者未盡全力，進而使整艘船的速度低於正常水準。這個道理說明，進行整個團隊的績效管理儘管有利於團隊的協同合作，但會造成因為「搭便車」而帶來的產量損失。

要解決這個問題，領導者在管理過程中需要多花費些時間，減少利益團體成員的數量，盡量針對每個員工個體實施獎懲措施。把個體的獎懲和團體的獎懲結合起來，以便為公司和組織創造更多的利益。

具體來說，領導者可以運用以下幾項措施，來刺激團隊中每個成員的工作動力：

（一）激發員工的工作士氣，利用獎賞、以身作則來激勵員工，讓他們產生工作的激情。

（二）授予工作，設定目標的方式適當。如果簡單地對員工說「你們必須在三天內做成某件事」，員工會感到茫然。如果把工作的界限明確地定出來，讓員工們明白「五個人三天完成多少數量的工作即可」，這樣一來，透過目標的細化，員工們感到任務可以完成，於是想要趕快把它完成。

（三）編制得當，適才適所。設置幾個層次的管理體系，不同的人有各自的工作，每個人負擔的責任有大小，獎懲也有差別，就會盡力把工作做好。

（四）工作的指導明確而有規則。員工們知道自己的任務是什麼，都有人監督他們的行動，他們無法偷懶工作、偷工減料，工作就會完成得又快又好。

（五）以高額獎金誘發員工的幹勁。運用各種打動人心的方法，使每個人都奮發工作，不敢懈怠，這樣一來，工作自然可以高速完成。

領導者應該深刻地觀察員工心理和工作中的各種問題，把握住工作分配的關鍵點，要明確每個人應該做什麼，不應該做什麼，有些工作是必須合作才可以完成的，但在合作中也要有明晰的分工。

·帕·金·森·定·律·

任何一個任務的背後都隱藏著與員工休戚相關的利益，員工們由於處於被動地位，有時候不能想到這些利害關係，領導者就要冷靜地為他們分析利弊，讓他們意識到做好工作的必要性，進而自覺地努力工作，確保任務的完成。

多管齊下，杜絕「搭便車」現象

搭便車現象造成的危害非常大，嚴重影響人的積極性，最後使得每個人都不願意為集體的利益而努力，進而使得集體利益受損，每個人的利益受損。

如何才可以有效消除給組織中更多員工積極性的調動帶來負面影響的「搭便車」現象？經研究有以下幾種方法：

建立一「坑」多「樹」的職位競聘機制

職位設置可有可無，職位沒有競爭，職位的重要性就無從凸現，日子久了，員工在職位上混日子「搭便車」現象就會滋生蔓延，進而影響到其他員工工作積極性的施展。打破職位長期壟斷，實施定期競聘，是消除「搭便車」現象的一劑良方。

·帕·金·森·定·律·

建立良性競爭機制

如果可以在公司平台的基礎上，透過制度建立良性競爭機制：表揚、警告、扣（發）獎金、綜合評定。也不必是金錢的獎勵：休假或是累積積分達到某種程度可以在時限內行使某項權利。建立不同的溝通管道，如有效投訴及建議也可以累積積分。總而言之，讓員工在這種制度內工作，逐漸領悟到公司的理念、公司的用人要求，這樣堅持實行下去，一定會改觀公司的面貌。

透過科學有效的激勵手段，培養和激發員工努力工作的積極性

內源性動機是基於員工對工作本身的責任、興趣和熱愛，這種情況下，即使外在鼓勵手段不足，員工也會積極地完成工作任務；外源性動機是員工為了求得外部物質利益或迫於完成工作任務而做的工作。兩種動機是互補的，必須結合起來才會對員工的行為產生推動作用。

建立工作彙報制度

在現實工作中，工作彙報往往成為重點職位人員的專利，而忽視其他長期沒有工作彙報的職位員工鑽空子「搭便車」現象。

工作彙報的形式是豐富多樣的，可以是大家圍攏在一起，聽聽你一個階段來的工作進行情況；也可以

把你的階段工作完成情況上傳到公司的網站上，讓大家都看得見。每個人都來彙報工作，沒有工作內容的人就會變得緊張，進而採取行動，「搭便車」現象就會失去滋生的土壤。

—第十四章—

螃蟹效應：強化執行力度，根除內鬥現象

螃蟹效應描述的是，用敞口藤籃來裝螃蟹，一隻螃蟹很容易爬出來。多裝幾隻螃蟹以後，沒有一隻可以爬出來，不是因為其他原因，而是因為相互扯後腿的緣故。

螃蟹效應在組織機構和企業管理中的表現是：員工與員工之間、員工與老闆之間，因為個人利益而出現的明爭暗鬥。每個成員因為個人利益，相互排擠與打壓，最終導致組織崩潰和企業倒閉。領導者必須做好協調工作，努力避免成員之間的內耗，塑造團結合作的企業文化。

互相拆台——從螃蟹效應看企業內訌

為什麼在行政機構或企業中普遍存在螃蟹效應？概括起來，原因主要有以下幾點：

人難免有自私心理

這種自私心理導致主觀傾向，我們總認為自己比別人怎麼樣，特別是能力相近的人，在職場中總不願意別人比自己混得好。這種自私心理是引發螃蟹效應的首要因素。

與同齡人相比，人總是很好強

這種好強心理讓我們誰也不會服誰，並總想在某些方面超越我們的競爭對手，於是相互間總會形成牽制，有形和無形的爭鬥就展開了，螃蟹效應也就應運而生。

人才的聘用制度不健全

許多企業和政府部門的人才聘用制度不科學，導致適合的人不能進入適合的職位，許多有能力的卻得不到晉升，一些專攻權術的人卻可以平步青雲，這是螃蟹效應產生的客觀根源。

權力和責任的不對等

出現螃蟹效應，還在於權力和責任的不對等，權力大、職位高，有時候承擔的責任反而小了，所以心理上大家都嚮往權力，都想往上爬，於是一隻螃蟹想爬上去，其他的螃蟹總會想辦法去阻撓。

團隊缺乏合作的文化氛圍

文化層面是企業的燈塔，是一個企業的靈魂，引導著整個企業的有機體不斷發展。企業文化的作用還表現在將整個團隊的注意力集中到一個方向，各方面力量得到整合，進而出現一＋一大於二。如果不能從戰略層次上建構企業文化，員工意識就會短淺，不會在長期的企業發展中實現個人的發展，轉而進行螃蟹爭鬥，行走在更容易實現利益的道路上。

無休止的內鬥，讓組織失去活力

釣過螃蟹的人或許都知道，竹簍中放了一隻螃蟹，必須要記得蓋上蓋子，多釣幾隻後，就不必再蓋上蓋子，因為這個時候螃蟹爬不出來。因為有兩隻或兩隻以上的螃蟹，每一隻都爭先恐後地朝出口處爬。但簍口很窄，一隻螃蟹爬到簍口的時候，其餘的螃蟹就會用威猛的大鉗子抓住牠，最終把牠拖到下層，由另一隻強大的螃蟹踩著牠向上爬。如此循環往復，無一隻螃蟹可以成功爬出簍。

「螃蟹效應」是一種組織倫理的反映，進而表現為不道德的職場行為。其主要特點是，組織成員目光短淺，只關注個人利益，忽視團隊利益；只顧眼前利益，忽視持久利益，相互內鬥，進而整個團隊會逐漸失去前進的動力，如此，就會出現一＋一小於二，而且隨著「一」增加到N個，最終的能量「和數」會遠小於N，進而最終失去生命力。就像封建社會裡各利益集團之間的互相傾軋一樣，最終導致朝綱敗壞，王朝沒落。

組織中也存在這樣的現象，但一般不表現為單個人之間的內鬥，因為組織中的權力畢竟不比官場，只是職責的表現，單個的力量過於薄弱，而是結成朋黨，以部門之間或幾個團體之間的力量進行內鬥。

這樣的企業一般是有過早期的輝煌，產品在市場上處於壟斷地位，一些領導者被沖昏頭腦，不思考組織的未來發展戰略，而是熱心於內部之間的爭權奪勢，於是企業會在內耗中失去活力，走向癱瘓，趨於衰敗。具體表現為以下幾方面：

（一）小人當道，為鞏固自己的地位，他們對賢能者進行迫害，使整個團隊裡只存在差於自己以及聽自己話的人。

（二）激勵機制與企業文化落後或是不健全，使賢能者被同化而缺乏改革進取意識。

（三）不患寡而患不均的平均主義意識作用，眼紅別人優秀而自己平庸，出現不配合或玩釜底抽薪的動作。

（四）墨守陳規的保守主義者，將平衡與穩定視作第一要務，怕有人打破平衡會產生其他影響而限制進取創新。

（五）自私自利者為滿足自己的欲望，踩著別人的肩膀往上爬，做出損人利己或損人不利己的事情。

宣導合作文化，根除內鬥現象

行政組織或是企業中如果出現螃蟹效應，就會出現成員之間互相拖後腿、互相排擠、互相拆台、明爭暗鬥的不良現象，造成人浮於事、不求上進、團隊成為一盤散沙的局面，造成組織和企業的嚴重內耗，失去生機和活力，直至癱瘓。

領導者必須高度重視螃蟹效應，採取各種有效措施預防和杜絕螃蟹效應的產生，把人心凝聚成一股繩，使組織內呈現相互幫助、相互支持、團隊合作、追求進步的氣象。

宣導和弘揚合作的團隊文化

「人」字一撇一捺，靠的就是相互支撐，有相互支撐，才可能形成合作，使團隊形成一種合力。因此，要從大環境去宣導合作文化，引導員工在互幫互助中攜手前行，這樣受益的是團隊中的所有個體，並且最終實現團隊的利益最大化，個人則依託團隊的力量得到更好的發展。

樹立明確而遠大的目標

「創業難，守業更難」說明在創業的時候團隊有明確的遠景目標，團隊成員的目標形成一致，守業則容易形成內鬥，大家會為了各自的利益相互牽制。因此，發展可以為團隊成員帶來新的機會，並可增加全新的職位，拓展團隊成員的成長空間，使團隊成員的目標不再局限於僅有的職位上。

建立健全用人制度

科學的用人制度，不僅可以聘用到適合團隊發展的人才，而且能構築團隊良性的環境。讓「板凳來決定腦袋」是可悲的，把一個人放在不適合的位置，無論如何也不會為團隊帶來效益，反而讓適合的人感到沮喪，最終的結果是傷害群體的感情，同時損害團隊的利益。因此，建立健全用人制度，將適合的人放在適合的位置，形成能上能下的聘用制度，讓「螃蟹」們都可以感到公平，才不會相互牽制。

讓權力和責任可以對等

權力加大，責任也應該加大，讓團隊成員把權力視作一種責任，而不是地位的象徵。誰爬到前面，誰就要有能力和責任引領團隊走出困境，才可以使團隊的其他成員相互推著朝前走。如果你爬出簍子以後，不想承擔引領者的角色，其他的螃蟹是不會信服的，他們會拖你的後腿，讓你爬不上去。

用唐僧的團隊組合來消除「螃蟹效應」

出現「螃蟹效應」，可用唐僧的團隊組合來消除其影響，透過人力資源的合理調配，將孫猴子們配置在不同的職位，各盡其才。全是一群唐僧或一群孫猴子，這樣的團隊個體看起來非常強大，但整體卻難於運作，可能誰也管不好，因其更容易形成內鬥的現象，因為大家誰也不服誰。

強化公司的執行力

相互牽制的螃蟹永遠爬不出一尺竹簍，內鬥不斷的組織和企業難逃倒閉的命運。

領導者應該避免螃蟹效應，透過硬的制度和軟的文化兩個方面來建設良好的組織和企業文化，宣導團隊精神，企業才可以得到更好的發展。

組織和企業文化建設或是說執行力建設主要有以下特徵：設立目標，建立系統；重視領導，從上到下推行；發動員工，全員參與；循序漸進，穩步推進；針對目標，定期督查。

瞭解執行力建設的特徵，就可以按照這種特徵展開工作：

成立以主要領導者為負責人的工作小組

工作小組要對企業急需解決的執行力問題進行梳理，整理出組織和企業執行力改善的近期、中期、遠期目標，建立執行力規劃體系。

帕金森定律

領導者要高度重視，完成組織和企業的執行力要求

領導者要進行廣泛宣傳，把這些要求傳遞到中層，再由中層傳遞到員工，一級帶動一級，一級負責一級，從上到下，層層推進。

樹立典型，創建「品牌團隊」

要充分認識抓典型的重要性，善於深入實際發現典型，把那些表現組織和企業文化、反映組織和企業精神、代表組織和企業形象的先進個人和群體樹立起來，作為學習的榜樣。透過廣泛進行「爭先進，創一流」活動，樹立一個蓬勃向上的良好風氣。充分發揮典型的示範作用和帶動效應。

重視培訓，提高執行力

必須重視培訓工作，堅持從實際出發的原則，既要立足當前，又要考慮長遠；既要看到一般員工的職位需要，又要想到專業人員的知識更新。

建立制度，保證執行力的有效行使

建立制度是做好所有工作的重要保證。要建立有效的考核評價體系，切實把執行率和執行結果作為對

個人、團體的考核評價及獎懲的主要依據。同時，還要建立有效的監督機制，透過稽核檢查、宣傳輿論等管道的監督，確保政令暢通、執行無誤。

帕金森定律

率領「群蟹」同舟共濟

員工如蟹，經常也是互相牽制，互相拉後腿，就看不得別人比自己厲害，很多時候採用互相打壓、互相排斥、互相攻擊的行為，久而久之，這樣的組織和企業就是一群沒有戰鬥力的「蟹群」。

企業組織的管理就像管理螃蟹，會產生什麼效應，取決於兩大條件：

首先是企業的領導者宣導什麼文化，是共同發展還是積極競爭？如果老闆喜歡小報告，大家都打小報告，互相拆台，老闆又愛聽，導致組織內的員工之間的互信度下降，大家都把精力放到防內部人，而不把精力放到拓展業務方面，如果老闆是信任和寬容文化，大家都會互信和互寬容，形成公司內部的做人和做事的倫理文化，至關重要。

還有就是規則，尤其是企業的「績效」規則。如果一個企業只重視可以帶來業績的員工，不重視那個「疊羅漢」中處於最下端的「螃蟹」，還是會因為一個小錯誤就讓大功告吹。很多企業建設的時候，只重視「現金業績」，不重視產生業績的背後的內容，導致組織中的很多「螃蟹」沒有被企業的績效效應照顧到，他們就會開始爭取利益，企業終究一無所成。

所以，企業文化和績效規則非常重要。可以獲得成功的公司在這兩個方面非常優秀，可以決定這兩個要素的人，只有老闆或是領導者。

很多民營企業的老闆，一直在充當螃蟹「拉腿」的角色。員工誰能無錯，但是如果老是對員工進行「鉗制」，員工時不時被老闆罵兩句，還被指出來很多毛病，時間長了，一是小毛病深化成大缺點，二是員工不敢和老闆說真話，因為害怕被罵。他的信心被老闆罵掉了，即使有很好的想法也不會說出來。老闆認為指出員工的缺點是在幫助他，但是也在宣導一種指責文化，大家都喜歡互相指責。這比採取拉腿行動更加可怕。老闆們都以「忠言逆耳利於行」來美化和解脫自己，然而捫心自問，自始至終逆耳的言語能有多少會被員工用來指導自己。

老闆要改變自己的這個做法，要努力地欣賞自己的員工，同時也努力地讓員工欣賞他們的老闆，更要讓員工學會彼此欣賞。這是防止「螃蟹效應」在企業呈病毒式傳播的有效方法。

老闆要告誡自己，不要讓自己的成功欲望壓過員工的成功欲望。在企業這條大船上，你只是站在一個比較好的位置——船頭。至於何時靠岸，借重的還是員工；老闆要告誡員工，不是每個人在某個時刻都可以成為英雄，只有合理地將一隻或是幾隻「螃蟹」送出竹簍，才可以從外部扳倒竹簍讓大家獲得生存的機會。

—第十五章—

馬蠅效應：激勵有道，「馬蠅」變「駿馬」

沒有馬蠅的叮咬刺激，馬就慢慢騰騰地走走停停；有馬蠅的叮咬刺激，馬就跑得飛快。再懶惰的馬，只要身上有馬蠅叮咬，牠也會精神抖擻，飛快奔跑，這就是管理學上著名的「馬蠅效應」。

有正確的刺激，才會有正確的反應。刺激是潛力的催化劑，一個人只有被叮著咬著才不會鬆懈，才會不斷進步。領導者要針對不同的人，對症下藥，用不同的方法去激勵他們。

管好「問題員工」，把「馬蠅」變「駿馬」

「如果把馬蠅看作是對組織的一種刺激，IBM公司確實也有很多這樣的員工，因為IBM公司的核心理念之一就是『創新』。要創新，就要有這樣的員工來經常刺激整個組織。」IBM人力資源經理曾經說：「IBM不會簡單地將這樣的員工當作『問題員工』。」

「馬蠅也要分兩種，有些馬蠅會傳染疾病。」這位經理說，「個性化員工也要分兩種，應區別對待。IBM每年都要與員工簽訂一份《員工行為準則》，其中包括遵紀守法、誠實、正直。那些違反行為準則的『馬蠅』，會透過正當程序被IBM辭退。」

IBM一直宣稱，自己尋求的是最「適合」的員工。在「適合」這個標準中，除了工作能力強這個硬指標以外，還包括更多的軟指標，其中最為重要的是員工必須認同IBM的核心價值觀，例如：成就客戶、創新為上、誠信服務、必勝心、執行能力、團隊精神。在認同IBM價值觀的前提下，那些個性化很強的員工都可以得到支持和培養。

有一個經典故事經常被管理界引用，這個故事來自於IBM商業魔戒三部曲之《小沃森傳》中：

一九四七年，小沃森剛接手IBM銷售副總裁。一天，一位中年人沮喪地來到他的辦公室，提出辭職，因為他原來的導師柯克和小沃森是競爭對手，他確信小沃森主政後會把他擠垮。這位中年人就是曾任銷售總經理的伯肯斯托克，才華橫溢但一度受挫。沒有想到，小沃森對他笑著說：「如果你有才華，就可以在我的領導下展現出來，在任何人的領導下都可以，而不光是柯克！現在，如果你認為我不夠公平，你可以辭職。如果不是，你就應該留下來，因為這裡有很多機會。」伯肯斯托克留下來了，並且在後來為IBM立下卓著功勳。小沃森說，「在柯克死後，留下他是我最正確的做法。」事實上，小沃森不僅挽留伯肯斯托克，他還提拔一批他不喜歡但卻有真才實學的人。

這個故事表現的精髓，後來構成IBM企業文化的一個重要營養來源。

某種程度上說，企業組織類似於馬群。那些個性鮮明、我行我素，同時又能力超強、充滿質疑和變革精神的員工，就是企業中的「馬蠅」。

在一些組織中，他們被叫作「問題員工」，因為他們難於管理，伯肯斯托克就是IBM歷史上一隻很厲害的「馬蠅」。領導者的任務就在於做好這些「馬蠅」員工的工作，透過循循善誘、耐心說服來開導、感化他們，將「馬蠅」變成企業需要的「駿馬」。

對「問題員工」要講究手腕

對於公司領導者來說，想要妥善解決衝突，首先必須瞭解公司中的「問題員工」。這類人是引起衝突的根源，只有對他們進行充分的瞭解，才可以更好地解決衝突。我們可以將這些較為典型的「棘手」人物分為以下三類：

一是有背景的員工。這些員工的背景對領導者來說，是一個現實的威脅。「背景」就是他的資源，可能是政府要員，可能是公司的老闆，也可能是你工作中某個具有重要意義的合作夥伴。這些背景資源不僅賦予這類員工特殊的身分，而且也為你平添許多麻煩。這些員工在工作中經常展現他們的背景，為的是獲得一些工作中的便利。即使是犯錯，某些「背景」可能使他們免受處罰。

二是有優勢的員工。這些人往往是那些具有更高學歷、更強能力、更獨到技藝、更豐富經驗的人。因為他們具有一些其他員工無法比擬的優勢，所以可以在工作中表現不俗，其優越感也因此得到進一步的彰顯。這種優越感發展到一定的程度，直接表現為高傲、自負以及野心勃勃。他們往往不屑於和同事們做交流和溝通，獨立意識很強，合作精神不足，甚至故意無條件地使喚別人以顯示自己的特殊性。

三是想要跳槽的員工。他們顯然是一些「身在曹營心在漢」的不安分份子，這些人往往是非常現實的傢伙，他們多會選擇「人往高處走」。如果僅此而已也就罷了，但偏偏有些人覺得，反正是要走的，不怕公司拿我怎麼樣，擺出一副「死豬不怕開水燙」的姿態，不把公司的制度和管理規範放在眼裡。他們工作消極，態度惡劣，甚至為了以前工作中的積怨故意針對某些主管和同事引起組織衝突，最後人雖然走了，但是留下的消極影響很難消除。

領導者要區分不同的情況來對待以上三類「問題員工」，千萬不能採取貿然措施將三類員工全部炒掉，以保持組織的純潔度。因為這樣的結果肯定是你得到的是一個非常聽話然而卻平庸無比的團隊，根本無從創造更高的管理績效。

對那些有背景的員工來說，在工作能力上，這些人不一定比其他同事強，但是他們的心理狀況一般好於其他人，做人做事方面更自信，加上背景方面的優勢，更可以發揮出水準。對待這種人，最好的方法是若即若離，保持一定的距離。如果在工作中有上佳表現，可以適當地進行褒獎，但是要注意尺度，否則這些人很容易恃寵而驕。

對於那些有優勢的員工來說，他們不畏懼更高的目標、更大的工作範疇、更有難度的任務，他們往往希望透過這些挑戰來顯示自己超人一等的能力以及在公司裡無可替代的地位，以便為自己贏得更多的尊重。因此，領導者如果善於辭令，善於捕捉人的心理，就可以試著找他們談談心，做做思想工作。如果領導者不善於辭令，就要注意行動。行動永遠比語言更有說服力，巧妙運用你的權力資本，為這些高傲的傢伙樹立典範，讓他們看看一個有權威的人是怎樣處理問題而實現團隊目標。

對於那些想要跳槽的員工，機會、權力與金錢是他們工作的主要動因。領導者在對這些員工進行管理的過程中要注意以下一些原則：一是不要為了留住某些人輕易做出很難實現的承諾，如果有承諾，一定要兌現；如果無法兌現，一定要給他們正面的說法。千萬不要在員工面前言而無信，那樣只會為將來的動盪埋下隱患。二是及時發現員工的情緒波動，特別是那些業務骨幹，一定要將安撫民心的工作做在前頭。

對低績效員工不能講情面

績效低的員工，是指那些屢犯錯誤、趕走客戶、在企業組織中造成不滿和士氣低落等問題的員工。快速成長的公司對績效低劣的員工尤其不能容忍，他們會削弱團隊的實力，給潛在客戶和商業夥伴留下不良印象，加劇對公司綜合生產率的負面影響。作為一個領導者，必須採取措施及時改善這種狀況。

領導者如果盡了最大的努力對員工進行指導，但是他依舊置若罔聞；或是降低工作期望值和標準，員工還是無法達到要求，就應該重新審視對這位員工的錄用決定。很多領導者在三個星期或更短的時間內就意識到自己在錄用員工上的錯誤，但是經常在三個月之後才會決定改正這個錯誤。

領導者猶豫不決的原因多種多樣。例如：他們覺得承認錯誤是一件尷尬的事情；他們對錯誤的錄用感到內疚，對解雇曾滿懷期望的人於心不忍；他們對在錄用員工的時候沒有明確表達工作績效的期望而感到遺憾；他們知道自己沒有做好員工的績效回饋和指導工作；他們不願意再次經歷昂貴耗時的程序找到適合的人員來替換。

對於領導者而言，這可能是一個痛苦的經歷，但還是應該採取行動。

領導者在計畫解雇一個員工之前，應問自己是否公平地對待過這個員工：「我是否讓他認識到自己績效低劣的事實，並且給予他改進的機會？」也就是說，是否採取過以下這些行動。

是否為這個員工確立明確的績效期望值？與員工績效的管理程度有關。運用績效管理技巧留住最佳員工的效果，取決於與他們建立夥伴關係的程度，這種夥伴關係是成年人之間建立共同協定的關係。

是否針對這個員工的績效沒有達到目標而向他做出具體回饋？一項研究顯示，在六〇％的公司中，因績效產生問題的首要原因是主管對下屬的績效回饋做得不夠或是沒有做好。在針對七十九家公司的一千多個員工所做的一項調查中，經理人的回饋和指導技能一致被評為平庸。這些結果顯示，很多經理人都是拙劣的導師，他們的員工經常也可以意識到這一點。

是否詳細系統地記錄這個員工的績效資料、事件、績效回饋及改進評估的談話結果，以及是否在上述評估談話中使他認識到存在的問題並且對如何解決問題達成一致？這取決於績效討論過程中的情況，讓員工評估他們自己的績效。如果員工承認問題，問題的解決會順利得多。如果員工否認問題，就說明員工對建設性的指導置若罔聞。

是否把給予這位員工一定的試用期或是改進績效的最後期限，作為解雇前的最後手段？曾經有一位經理告訴一個員工，如果他在三十天內仍然不能完成自己的工作專案就要離開，結果他在期限內完成任務。所以，要確保給予員工足夠的改進時間。

是否尋找解雇之外的其他方法？自己犯了錄用某位員工的錯誤，不表示這個員工不能有效地完成其他工作。他不適合這項工作，可能是他績效低劣的真正原因。因此，可以考慮重新評估他的才能、動力和興趣。也許工作可以重新設計，也許在工作領域內有其他更可以發揮他才能的工作。

如果你已經不止一次直言不諱地把工作績效低劣的情況回饋給員工，指導他如何改進，為他確立具體的績效目標，記錄他未能改進績效的情況，而且考慮過不解雇的解決方法，然而都無濟於事，最終選擇是解雇他。

領導者無論出於何種原因解雇員工，都是一件令人憂慮和煩惱，卻又不得已而為之的事情。令人煩惱的因素多種多樣，如這位員工失去生活來源，而且，這麼做還會影響組織中的其他成員，包括最想留住的員工。

重要的是，隨時牢記目標：消除糟糕的表現和行為。在有效地懲戒員工或是採取改善措施之前，經理必須真誠地關心他的成功。考核程序對事不對人，是基於「目標推動行為，結果維繫行為」的原則。

像林肯一樣，重用「馬蠅」員工

一八六〇年，林肯當選為美國總統。一天，銀行家巴恩到林肯的總統官邸拜訪，正巧看見參議員薩蒙・蔡斯從林肯的辦公室走出來。

巴恩對林肯說：「如果你要組閣，千萬不要將此人選入你的內閣。」

「為什麼？」林肯奇怪地問。

巴恩說：「因為他是一個自大成性的傢伙，他甚至認為他比你偉大得多。」

林肯笑了：「哦，除了他以外，你還知道有誰認為他比我偉大得多？」

巴恩回答：「不知道。你為什麼這樣問？」

林肯說：「因為我想把他們全部選入我的內閣。」

事實證明，蔡斯果然是一個狂妄自大而且妒忌心極重的傢伙。他狂熱地追求最高領導權，想入主白宮，不料落敗於林肯。想當國務卿，林肯卻任命西華德，無奈，只好當了林肯政府的財政部長。為此，蔡斯一直激憤不已。但是，這個人確實是一個大能人，在財政預算與宏觀調控方面很有一套。林肯一直十分器重他，並透過各種手段盡量減少與他的衝突。

後來，目睹過蔡斯許多行狀並搜集很多資料的《紐約時報》主編亨利・雷蒙頓拜訪林肯的時候，特地告訴他蔡斯正在狂熱地謀求總統職位。

林肯以特有的幽默對雷蒙頓說：「亨利，你不是在農村長大的嗎？你一定知道什麼是馬蠅。有一次，我和我兄弟在肯塔基老家的農場裡耕地，我吆馬，他扶犁，偏偏那匹馬很懶。但是有一段時間，牠卻在田裡跑得飛快，我們差點跟不上牠。後來我發現，有一隻很大的馬蠅叮在牠的身上，於是我把馬蠅打落在地。我的兄弟問我為什麼要打掉它，我告訴他，不忍心讓馬被咬。我的兄弟說：『哎呀，就是因為有那個傢伙，這匹馬才會跑得那麼快。』」

然後，林肯意味深長地對雷蒙頓說：「現在正好有一隻名叫『總統欲』的馬蠅叮著蔡斯先生，只要它可以使蔡斯那個部門不停地跑，我還不想打落它。」

林肯的胸襟和用人能力，使他成為美國歷史上最偉大的總統之一。

作為一個領導者，最大的成就就在於建構並統帥一支由各種不同的專業知識及特殊技能的成員組成的、具有強大戰鬥力與高度合作精神的團隊，不斷挑戰更高的工作目標，不斷創造更好的績效。為此，可能需要超越旁人的勤奮，需要更多的知識，需要更強的資源支援。更重要的是，還需要像林肯一樣，善於運用自己的智慧，利用「馬蠅效應」，把一些很難管理然而又是十分重要和關鍵的員工團結在一起，充分發揮他們的作用，不斷為公司創造更大績效。

競爭激勵，激發員工主動展開競賽

不服輸的競爭心理每個人都有，強弱則因人而異。即使一個人的競爭心很弱，但是他的心中也總會潛伏著一份競爭意識。因為每個人都希望出人頭地，其潛在心理都希望站在比別人更優越的地位上。對於「馬蠅」員工也不例外。

從心理學上說，這種潛在心理就是自我優越的欲望。有這種欲望之後，人類才會積極成長，努力向前。這種自我優越的欲望出現特定的競爭對象的時候，其超越意識就會更鮮明。

明白這一點，領導者只要利用「馬蠅」員工的這種心理，並且為其設立一個競爭對象，讓其知道競爭對象的存在，就可以輕易地激發其工作熱情，進而讓其主動展開競爭，工作效率就會提高。

查理斯・施瓦布是美國著名的企業家，他管轄下的某個子公司的員工總是無法完成定額。公司經理幾乎用盡所有方法——勸說、訓斥，甚至以解雇相威脅。但無論採用什麼方法，都無濟於事。也就是說，這些工人還是無法完成定額。有鑑於此，施瓦布決定親自到這家公司處理這件事情。

施瓦布在公司經理的陪同下到公司巡視。這個時候，正好是白班工人要下班、夜班工人要接班。

施瓦布問一位工人：「你們今天煉了幾爐鋼？」

「五爐。」工人回答。

施瓦布聽了工人的回答以後，一句話也沒說，在公司的布告欄上寫了一個「五」字，然後就離開了。

夜班工人上班的時候，看到布告欄上的「五」字，感到很奇怪，不知道是什麼意思，就去問門衛。門衛將施瓦布來公司視察並寫下「五」字的經過詳細地講述一遍。

夜班工人們受到啟發，激發工作熱情，比平時多煉出一爐鋼，下班後在布告欄上寫下「六」字。

次日早晨，白班工人看到布告欄上的「六」字，心裡很不服氣：夜班工人不比我們強，知道我們煉了五爐鋼，故意比我們多煉一爐，這不是給我們難堪嗎？於是，白班工人認真工作，晚上交班的時候，在布告欄上寫下「八」字。

智慧過人的施瓦布用他無言的「挑撥」，激起公司員工之間的競爭，最高的日產量竟然達到十六爐，是過去日產量的三・二倍，這個平日落後公司的產品產量很快超過其他公司。

施瓦布利用人們「好鬥」的本性，成功激起公司員工之間的競爭，不僅巧妙地解決該廠無法完成定額的難題，還使工人們處於主動的工作狀態。

競爭意識是人們渴望認同、渴望卓越的心理表現。領導者要充分利用員工的這種競爭意識，有目的地為他們設立競爭目標，讓他們與自己的內心設計相符，不斷激發其自身潛能，讓其為組織和企業做出更大的貢獻。在具體實施的時候，可以參考以下做法：

做好職位備份，讓員工隨時感到競爭的壓力

給每個員工公平競爭的機會，每個職位都要有一個或多個備份，不能一個職位只有一個人能做，讓員工們隨時感受到競爭的壓力，想要比競爭對手做得好，就要更努力工作。

向特殊員工暗示競爭對手的存在

如果某位員工身分特殊（例如：有高層關係或裙帶關係時），工作不積極，卻又不好直接給其設立競爭對象，不妨用言語暗示他，讓他知道競爭對手的存在，進而激發他努力工作。比方說你只要告訴他：「你和兩個人之中的一個，晉升是指日可待的。」這就等於對他暗示競爭對手的存在，如果再不努力，晉升機會就會失之交臂。

帕金森定律

為需要激勵的員工設立一個競爭對象

不容易找到競爭對象的時候，企業領導者不妨設立一個競爭對象，讓企業員工彼此競爭。例如：跨部門設立，尋找同職位的兼職。

引入外來競爭對象

如果員工不思進取，這個部門的效益又不錯，就果斷地應徵新員工，為其設立競爭對手。如果員工在有新的競爭對象後依然不思進取，留之無益，不如辭退。

用裁員威脅逼迫員工主動展開競爭

對於經營狀況不理想而員工又不願努力工作的部門，不妨向他們挑明公司裁員的打算，讓他們主動展開競爭。在使用這個策略的時候，企業領導者需要根據公司實際情況謹慎為之，不可草率行事。

危機激勵，點燃員工的工作激情

在中文裡，「危機」是由兩個片語成的，第一個是危險；第二個是機會。

實踐證明，危機作為一種壓力，將促使員工發揮他們全部的積極性和創造性解決領導者交給他的問題，而且隨著其處理複雜事物能力的提高，給他更多的自信，鞭策他不斷地用他的積極性做好工作。所以，領導者想要有效鞭策「馬蠅」員工，開發其積極性和創造性，最好的方式之一是給予他們「危機」，激起他們的勇氣。

對於那些安於現狀、不求上進的「馬蠅」員工來說，「危機」的挑戰是最強有力的激勵力量。「危機」將提醒他們：原地踏步一定會被擊垮、淘汰的。

作為企業的領導者，必須不斷地向「馬蠅」員工灌輸危機觀念，讓他們明白企業生存環境的艱難，以及由此可能對他們的工作和生活帶來的不利影響，就可以激勵他們主動地努力工作。

·帕·金·森·定·律·

在市場經濟潮流中，企業的生存環境瞬息萬變，自身資源狀況也在不斷變化之中，企業發展的道路因此充滿危機。

企業經營者對危機的感受是深刻的，但一般員工卻未必能感受到，特別是那些不求上進的「馬蠅」員工。很多「馬蠅」員工容易滋生享樂思想，他們認為自己收入穩定，就會高枕無憂，工作熱情也會日漸衰退。因此，領導者有必要向「馬蠅」員工灌輸危機觀念，刺激他們樹立危機意識，重燃員工的工作激情。

從某種程度上說，市場競爭是一場只能前進不能後退的殘酷競賽。危機意識是一種強烈的生存意識，作為一個企業員工，如果不積極進取，不能認識到當前慘烈的競爭形勢，註定要被企業淘汰。

激勵專家認為，透過以下措施，可以有效地樹立員工的危機意識：

向員工灌輸企業前途危機意識

企業領導者要告訴員工，企業已經取得的成績只是歷史，在競爭激勵的市場中，企業隨時都有被淘汰的危險。想要規避這種危險，道路只有一條：全體員工努力工作，才可以使企業更強大，進而立於不敗之地。

向員工灌輸個人前途危機意識

企業的危機和員工的危機是連在一起的，所有員工都要樹立「人人自危」的危機意識，無論是公司領導階層還是一般員工，都應該隨時具有危機感。告訴員工「今天工作不努力，明天就得努力找工作」。如果員工在這個方面達成共識，就會主動營造一種積極向上的工作氛圍。

向員工灌輸企業的產品危機意識

企業領導者要讓員工們明白一個道理：可以生產同樣產品的企業比比皆是，想要讓消費者對企業的產品情有獨鍾，產品就要有自己的特色，這種特色就在於可以提供給顧客的是別人無法提供的特殊價值的能力，即「人無我有，人有我優，人優我特」。

危機激勵猶如一個人在森林中被猛獸追趕，他必須以超出平日的速度向前奔跑。對他來說，後面是死的危險，前方是生的機會。

企業領導者必須向「馬蠅」員工灌輸危機觀念，讓他們明白企業生存環境、企業要面對的問題及可能產生的不利影響，告知這種影響與他們的切身利益密切相關。如此一來，「馬蠅」員工們就會受到激勵，並且更努力地工作，成為飛跑的「駿馬」。

一第十六章一

路徑—目標理論：預期決定結果，願景導航未來

路徑-目標理論由加拿大多倫多大學的組織行為學教授羅伯特・豪斯最先提出，後來美國華盛頓大學的管理學教授特倫斯・米切爾也參與這個理論的完善和補充。目前已經成為當今最受人們關注的領導觀點之一。

這個理論認為，領導者的工作是幫助下屬達到他們的目標，並且提供必要的指導和支援以確保各自的目標與群體或組織的整體目標相一致。「路徑-目標」的概念來自這種信念，即有效領導者透過明確指明實現工作目標的途徑來幫助下屬，並且為下屬清理各項障礙和危險，進而使下屬的這個履行更為容易。

路徑-目標理論的五個構成要素

路徑-目標理論與以前的各種領導理論的最大區別在於：它立足於員工，而不是立足於領導者。在豪斯眼裡，領導者的基本任務就是發揮員工的作用，而要發揮員工的作用，就得幫助員工設定目標，把握目標的價值，支援並幫助員工實現目標。在實現目標的過程中提高員工的能力，使員工得到滿足。

豪斯在路徑-目標理論中指出，領導者的工作是利用結構、支援和報酬，建立有助於員工實現組織目標的工作路徑。這裡涉及兩個主要概念：建立目標方向；改善通向目標的路徑以確保目標實現。

其內容包括以下五個方面：

領導過程

路徑-目標的領導過程如下：領導者確認員工的需要，提供適合的目標，透過明確期望與目標的關係，將實現目標與報酬聯繫起來；消除績效的障礙，並且給予員工一定的指導。這個過程的期望結果包括工作滿意、認同領導和更強的動機。這些將在有效的績效和目標實現中得到反映。

目標設置

目標設置是取得成功績效的標的，可以用來檢測個體和群體完成績效標準的情況。群體成員需要感覺到他們的目標是有價值的，並且可以在現有的資源和領導下達到這個目標。如果沒有共同目標，不同的成員會走向不同的方向。

路徑改善

領導者在決定順利實現目標的路徑之前，還需要瞭解一些權變因素和可供選擇的領導方案，特別是必須權衡確定對兩類支援的需要。

第一類是任務支援，領導者必須幫助員工組合資源、預算以及其他有助於完成任務的因素，消除有礙員工績效的環境限制，表現出積極的影響，並且對有效的努力和績效給予及時認同；第二類是心理支援，領導者必須刺激員工樂於從事工作。

帕金森定律

領導風格

領導者行為的激勵作用，在於使下屬的需要和滿足與有效的工作績效聯繫在一起，並且提供有效的工作績效所必需的輔導、指導、支援、獎勵。為此，豪斯區分四種領導風格：指導型領導、支持型領導、參與型領導、成就取向型領導。

環境因素

路徑-目標理論提出兩類情境作為領導行為與結果之間關係的中間變數，它們是下屬控制範圍之外的環境（任務結構、正式權力系統以及工作群體）以及下屬個性特點中的一部分（控制點、經驗和感知能力）。想要使下屬的產出最多，環境因素決定作為補充所要求的領導行為類型，而下屬個性特點決定對環境和領導者行為做出何種解釋。在工作環境中，領導者必須確認員工的任務是否已經結構化；正式權力系統是否最適合於指揮型或參與型領導，以及現在的工作群體是否滿足員工的社會和尊重需要。

路徑-目標理論證明：領導者彌補員工或工作環境方面的不足，就會對員工的績效和滿意度產生積極的影響。但是，任務十分明確或是員工有能力和經驗處理而無須干預的時候，如果領導者還要花費時間解釋工作任務，下屬會把這種指導型行為視為累贅多餘甚至是侵犯。

因人而異設路徑，領導方式要有權變性

按照豪斯的概括，領導者的職能，具體表現為六個方面：

（一）喚起員工對成果的需要和期望。

（二）對完成工作目標的員工增加報酬，兑現承諾。

（三）透過教育、培訓、指導，提高員工實現目標的能力。

（四）幫助員工尋找達成目標的路徑。

（五）排除員工前進路徑上的障礙。

（六）增加員工獲得個人滿足感的機會，這種滿足又以工作績效為基礎。

要實現這種以員工為核心的領導活動，必須考慮員工的具體情況。顯然，現實中的員工是千差萬別

·帕·金·森·定·律·

的。員工的差異主要表現在兩個方面：一是員工的個人特質，二是員工需要面對的環境因素。就員工的個人特質而言，新手和老手不一樣，技術高低不一樣，責任心的強度不一樣，甚至年齡大小、任職時間長短，都會產生不同的反應。

僅以性格差異為例，內向型的員工，更易於接受參與式領導，對指示式領導有所抵觸；外向型員工，更易於接受指示式領導，卻不適應參與式。如果一個人對自己的能力估計過高，就會抵觸指令；如果一個人對自己的能力估計過低，就會害怕授權。

以員工面對的環境因素而言，不同企業、不同職位的工作任務不一樣，企業組織的權力系統不一樣，基層的工作群體不一樣。如果是明確清晰的工作任務，有效得力的權力系統，友好合作的工作群體，強化控制明顯屬於多事，還會傷害員工的滿足感；如果情況相反，放鬆管制就會出現偏差，同樣會招來員工的抱怨。單純以工作任務而論，如果完成任務不能使員工得到滿足，領導者越加強規章制度，越施加任務壓力，員工的反感就會越大。所以，路徑-目標理論強調，領導方式要有權變性。

四種領導情境中的路徑目標設定

按照路徑-目標理論，領導者的行為被下屬接受的程度，取決於下屬是將這種行為視為獲得滿足的即時泉源，還是作為未來獲得滿足的手段。領導者行為的激勵作用在於：

（一）使下屬的需要滿足與有效的工作績效聯繫在一起。

（二）提供有效的工作績效所必需的輔導、指導、支援、獎勵。

為了考察這些方面，豪斯確定四種領導行為：

指導型領導

領導者對下屬需要完成的任務進行說明，包括對他們有什麼希望，如何完成任務，完成任務的時間限制。指導性領導者可以為下屬制定明確的工作標準，並且將規章制度向下屬講得清清楚楚。指導不厭其詳，規定不厭其細。

支持型領導

領導者對下屬的態度是友好的、可接近的，他們關注下屬的福利和需要，平等地對待下屬，尊重下屬的地位，可以對下屬表現出充分的關心和理解，在員工有需要的時候可以真誠幫助。

參與型領導

領導者邀請下屬一起參與決策。參與性領導者可以與下屬一起進行工作探討，徵求他們的想法和意見，將他們的建議融入團體或組織將要執行的那些決策中。

成就取向型領導

這種領導者為下屬制定的工作標準很高，尋求工作的不斷改進。除了對下屬期望很高以外，成就導向性領導者非常信任下屬有能力制定並且完成具有挑戰性的目標。在現實中究竟採用哪種領導方式，要根據員工特性、環境變數、領導活動結果的不同因素，以權變觀念求得同領導方式的適當配合。

豪斯主張領導方式的可變性。他認為，領導方式是有彈性的，這四種領導方式可能在同一個領導者身上出現，因為領導者可以根據不同的情況斟酌選擇，在實踐中採用最適合於下屬特徵和工作需要的領導風格。豪斯強調，領導者的責任就是根據不同的環境因素來選擇不同的領導方式。如果強行用某種領導方式在所有環境條件下實施領導行為，必然會導致領導活動的失敗。

如果下屬是教條的和權力主義的，任務是不明確的，組織的規章和程序是不清晰的，指導型領導方式最適合。

對於結構層次清晰、令人不滿意或是令人感到灰心的工作，領導者應該使用支援型方式。下屬從事於機械重複性的和沒有挑戰性的工作，支援型方式可以為下屬提供工作本身所缺少的「營養」。

任務不明確的時候，參與型領導效果最佳，因為參與活動可以澄清達到目標的路徑，幫助下屬懂得透過什麼路徑和實現什麼目標。此外，如果下屬具有獨立性，具有強烈的控制欲，參與型領導方式也具有積極影響，因為這種下屬喜歡參與決策和工作建構。

如果組織要求下屬履行模稜兩可的任務，成就導向型領導方式效果最好。在這種情境中，激發挑戰性和設置高標準的領導者，可以提高下屬對自己有能力達到目標的自信心。事實上，成就導向型領導可以幫助下屬感到他們的努力將會導致有效的成果。

·帕·金·森·定·律·

喚起員工對團體目標和願景的認同

隨著時代的發展，豪斯也沒有固守著路徑-目標理論而止步不前。二十世紀九〇年代中期，豪斯和他的同事們根據多年的實證研究，在路徑-目標理論的基礎上，綜合領導特質理論、領導行為理論以及權變理論的特點，以組織願景替換並充實原來的路徑-目標，圍繞著價值這個核心概念，闡述什麼樣的行為能有效地幫助領導者形成組織的共同價值以及這些行為的實施條件，提出以價值為基礎的領導理論。

以價值為基礎的領導理論認為：員工對領導者所信奉的、並且已經融入企業文化中的價值的共用和認同程度越高，領導行為越有效。也就是說，持有明確價值觀的領導者，透過明確表達願景，向組織和工作注入自己的價值觀，使之與員工所持有的價值觀和情感發生共鳴，進而喚起員工對團體目標和團體願景的認同，並導致員工自我價值的提高，進而更好地提高領導行為的有效性。

以價值為基礎的領導理論還認為，許多行為對於形成組織的共同價值非常有效。組織成員在對領導者所信奉的價值觀產生強烈認同並內化為自身的價值觀後，將得到強烈的激勵效果，這些行為被稱為以價值為基礎的領導行為，包括：清楚地表達組織願景；向員工展示領導者自己的良好素質，領導者自己對願景的不懈追求和犧牲精神；傳達對員工的更高期望，表達對別人的高度信心；樹立追求組織願景的個人榜樣；用智慧的手段將富有創造性的人團結在自己周圍。

以價值為基礎的領導理論強調價值觀念的感召作用，這種感召可以不斷吸引有能力的人加入組織。在一個有強烈的共同價值的組織中，即使有困難出現，人們也會為了共同的價值而同甘共苦，一起渡過難關。大量的實證研究顯示，領導者採用以價值為基礎的領導行為，將會對下屬產生巨大的影響和積極的效果。下屬對領導者所信奉和宣導的價值觀達到認同以後，這種認同會逐漸內化成為自身價值的一部分，成為其為人處事的相關原則。

這種激勵效果比採用簡單的物質獎勵、地位提升或懲罰更加持久和有效。以價值為本的領導行為，可以使組織成員自覺地朝著共同價值指引的方向去努力，而且成員之間為了實現共同價值會加強溝通，這樣就容易形成一種氛圍。與共同價值取向相一致的行為會得到大家的讚許和認同，可以為組織做出貢獻會被視為個人自我價值提升的一種表現。這種組織將是克服組織與個人對立狀態、取得和諧共生的組織。

值得注意的是，組織成員達成價值共識，表示組織中的技術創新、組織變革會更加容易被接受。所以，以共同價值為基礎的領導行為，可以使組織成員更適應環境的變化。

以共同願景感召員工為組織目標奮鬥

在實行目標激勵的時候，要求企業領導者可以將大家所期待的未來著上鮮豔的色彩，同時也要對實現目標的過程進行規劃。在實施激勵的過程中，應該避免只是空談目標、在日常工作中將其棄之一邊的情形發生。如果要把企業目標真正地建立起來，就要將崇高遠大的情感傳達到員工那裡，並從員工那裡得到發自內心的回應，使員工真心誠意地投入到工作中。

在激勵過程中最重要的是重視灌輸目標的整個過程，這需要企業上下開誠布公地全面參與，使員工自覺將個人理想與企業目標聯繫起來。

企業提出明確的目標，並且由領導者有效地與員工進行溝通和傳達，讓每個員工都明白自己所做的工作，這對於實現企業的目標具有極其重要的作用。要以明確的奮鬥目標來激發員工的鬥志，並且讓員工把個人目標和企業目標良好地結合起來，進而增強員工的責任感和主動意識，讓每個員工都為同一目標而不斷努力奮鬥。

在企業組織中，每個員工都或多或少地有所期望，但是這種期望沒有形成一種動力，就像每個人都希望擁有漂亮的房子但卻沒有設計藍圖一樣。因此，成功的領導者就是要發掘員工的期望，並把這種共同的期望變成具體的目標，如果這個具體的目標或理想生動鮮明地表現出來，員工就會從思想上產生一種共鳴，就會毫不猶豫地追隨領導者。具體地說，領導者利用明確而具體的目標激勵員工，就是充當一個「建築師」的角色。「建築師」把自己的想法具體地表現在藍圖上，讓「建築」的形象生動鮮明地表現出來，以此激發員工為之努力工作。

當然，即使有行動的藍圖，如果沒有清楚地規劃實現的過程，也無法使大家產生信心。因此，規劃願景的同時，必須規劃實現願景的具體步驟。這是一個必經的過程，是指從現在到實現目標所採取的方法和手段，以及必經之路。

我們可以將目標的實現分成若干階段，這樣既不至於使目標太大，難以激起員工的興趣，也不至於使目標太小，讓員工覺得沒有意義。

要讓員工和企業有一個共同目標。在成功企業中，經常用塑造一個共同目標、創造共同的價值理念來激勵員工。

美國電報電話公司前總裁鮑伯•艾倫發現，公司過去的想法和做法都像是受保護的公用事業，必須改變，而且是在行業動盪不安時進行改變。公司的規劃部門為關鍵性的戰略任務提出一個定義，也就是讓現有的網路承載更多的功能，開發新產品，進而符合新興資訊事業的需求。艾倫決定不用這樣理性和分析性的名詞來談公司的目標。他也不談論以擴張競爭態勢為重點的戰略意圖。他選擇非常人性化的名詞，他說：「公司致力於讓人類歡聚一堂，讓他們很容易互相聯繫，讓他們很容易接觸到需要的資訊——隨時、隨地。」這個陳述表達公司的目標。但是他用的都是非常簡單而人性化的語言，使每個人都可以理解。重要的是，員工會對這樣的任務產生共鳴，並且以此為驕傲。

明確的企業目標是正當可行的，不是公關慣用的華麗辭藻，也不是鼓舞士氣的誇大宣傳。所以，領導者對定義適當的目標應該做出具體的承諾。

美國康寧公司總裁哈夫頓曾經委派公司最能幹的資深經理人負責康寧公司的品質管理。儘管經歷一次嚴重的財務緊張，哈夫頓還是撥出五百萬美元，創立一個新的品質管理學院，用以實施康寧公司大規模的教育和組織發展計畫。他還承諾將每個員工的訓練時間提高到佔工作時間的五%。康寧公司的品質管理計畫很快就達到哈夫頓的目標。正如一位高層經理所說：「它不只改善品質，更為員工找回自尊和自信。」

總之，讓企業上下都願意為企業目標奉獻力量，並且讓這樣的努力持之以恆，應該是領導者追求的目標。

心學堂09

·帕·金·森·定·律·

作者　陳立之
美術構成　驛賴粑工作室
封面設計　斐類設計工作室
發行人　羅清維
企劃執行　張緯倫、林義傑
責任行政　陳淑貞

企劃出版　海鷹文化
出版登記　行政院新聞局局版北市業字第780號
發行部　台北市信義區林口街54-4號1樓
電話　02-2727-3008
傳真　02-2727-0603
E-mail　seadove.book@msa.hinet.net

總經銷　知遠文化事業有限公司
地址　新北市深坑區北深路三段155巷25號5樓
電話　02-2664-8800
傳真　02-2664-8801

香港總經銷　和平圖書有限公司
地址　香港柴灣嘉業街12號百樂門大廈17樓
電話　（852）2804-6687
傳真　（852）2804-6409

CVS總代理　美璟文化有限公司
電話　02-2723-9968
E-mail　net@uth.com.tw

出版日期　2021年04月01日　一版一刷
　　　　　2023年05月01日　一版五刷
定價　350元
郵政劃撥　18989626　戶名：海鴿文化出版圖書有限公司

國家圖書館出版品預行編目（CIP）資料

帕金森定律：為什麼工作總是在最後一刻才會完成？
／陳立之作. -- 一版. -- 臺北市 ： 海鴿文化，2021.03
面 ； 公分. --（心學堂；9）
ISBN 978-986-392-362-6（平裝）

1. 企業管理　2. 組織管理

494　　　　109021774

SeaEagle

SeaEagle

SeaEagle

SeaEagle